计算机类专业核心课程系列教材

Python 应用开发

徐义晗 李 阳 王润玲 主 编
孙 娟 宋学永 刘方涛 王 彬 张 俞 副主编

电子工业出版社
Publishing House of Electronics Industry
北京·BEIJING

内 容 简 介

本书较全面地介绍了 Python 应用的开发方法。全书共 12 章，分为 Python 基础篇和 Python 项目实战篇，Python 基础篇侧重于 Python 基础知识的讲解，内容包括 Python 简介、Python 语言基础、程序控制结构、函数、模块与包、类和对象、异常；Python 项目实战篇侧重于 Python 应用项目的开发，内容包括文件备份之文件操作、学生信息管理系统之数据库操作、图书购买数据获取之网络爬虫、超市营业额数据分析之数据处理、超市营业额数据再分析之数据可视化。本书所有章节都包含案例分析与实现及课后训练，可以帮助学生掌握所学内容。

本书既可以作为应用型本科院校、高等职业院校和高等专科学校计算机、人工智能、大数据等相关专业的教材，也可以作为 Python 程序设计培训班的教材，并适合广大程序设计爱好者自学使用。

未经许可，不得以任何方式复制或抄袭本书之部分或全部内容。
版权所有，侵权必究。

图书在版编目（CIP）数据

Python 应用开发 / 徐义晗，李阳，王润玲主编. —北京：电子工业出版社，2024.1
ISBN 978-7-121-46869-8

Ⅰ.①P… Ⅱ.①徐… ②李… ③王… Ⅲ.①软件工具－程序设计－高等学校－教材 Ⅳ.① TP311.561

中国国家版本馆 CIP 数据核字（2023）第 241676 号

责任编辑：左　雅
印　　刷：河北鑫兆源印刷有限公司
装　　订：河北鑫兆源印刷有限公司
出版发行：电子工业出版社
　　　　　北京市海淀区万寿路 173 信箱　　邮编：100036
开　　本：787×1092　1/16　印张：12.5　字数：344 千字
版　　次：2024 年 1 月第 1 版
印　　次：2024 年 7 月第 2 次印刷
定　　价：39.80 元

凡所购买电子工业出版社图书有缺损问题，请向购买书店调换。若书店售缺，请与本社发行部联系，联系及邮购电话：（010）88254888，88258888。
质量投诉请发邮件至 zlts@phei.com.cn，盗版侵权举报请发邮件至 dbqq@phei.com.cn。
本书咨询联系方式：（010）88254580，zuoya@phei.com.cn。

序

新一轮科技革命与信息技术革命的到来，推动了产业结构调整与经济转型升级发展新业态的出现。战略性新兴产业爆发式发展的同时，对新时代产业人才的培养提出了新的要求，并发起了新的挑战。社会对信息技术应用型人才的要求不仅是懂技术，还要懂项目。然而，传统理论教学方式缺乏培养学生对技术应用场景的认知，学生对于技术的运用存在短板，进入企业之后无法承接业务，无法满足企业的真实需求。在信息技术产业高速发展的过程中，出现了极为明显的人才短缺与发展不均衡的问题。

高等教育教材、职业教育教材以习近平新时代中国特色社会主义思想为指导，以产业需求为导向，以服务新兴产业人才建设为目标，教育过程更加注重实践性环节，更加重视人才链适应产业链，助力打造具有新时代特色的新技术技能。

全国高等院校计算机基础教育研究会与电子工业出版社合作开发的"计算机类专业核心课程教材"，以立德树人为根本任务，邀请行业与企业技术专家、高校专家共同组成编写组，依照教育部最新公布的高等职业学校2022年专业教学标准，引入行业与企业培训课程与标准，形成了与信息技术产业发展与企业用人需求相匹配的课程设置结构，构建了线上线下融合式智能化教学整体解决方案，较好地解决时时可学与处处能学和实践教学环节薄弱的问题，让系列教材更有生命力。

尺寸课本，国之大者。教材是人才培养的重要支撑、引领创新发展的重要基础，必须紧密对接国家发展重大战略需求，不断修订更新，更好地服务于高水平科技自立自强、拔尖创新人才培养。为贯彻落实党的二十大精神和党的教育方针，确保党的二十大精神和习近平新时代中国特色社会主义思想进教材、进课堂、进头脑，积极融入思政元素，培养学生民族自信、科技自信、文化自信，建立紧跟新技术迭代和国家战略发展的职业教育教材新体系，不断提升内涵和质量，推进中国特色高质量职业教育教材体系建设，确保教材发挥铸魂育人实效。

全国高等院校计算机基础教育研究会

2023年3月

前言

随着云计算、大数据技术的发展和普及，人才市场对于这方面的技能人才需求也日益增加。Python 语言是目前数据分析、人工智能及大数据处理等领域的主流开发语言，具有广泛的应用场景。随着 Python 的迅速普及与发展，国内越来越多的本专科院校正在或准备开设该语言的相关课程。并且在很多高校中 Python 应用开发已成为大数据、云计算专业的专业基础课程之一。

Python 是一门简洁、优美的程序设计语言，与其他语言相比，Python 具有开源、免费、功能强大、语法简单、数据类型丰富等特点，其编程模式符合人类思维方式和习惯，非常适合初学者学习。

本书为校企合作教材，合作企业江苏一道云科技发展有限公司，该公司深耕教育，探索和实践产教融合校企合作创新模式，具有丰富的课程资源库建设经验。

本书针对高职院校学生的认知规律，以培养能够熟练使用 Python 语言编程的专业型人才，以提高学生的逻辑思维和解决实际问题的编程能力为目标规划设计教学内容，并选取行业企业真实项目和工程案例转化为教学资源。全书共 12 章，分为基础篇和项目实战篇，包括 Python 简介、Python 语言基础、程序控制结构、函数、模块与包、类和对象、异常、文件备份之文件操作、学生信息管理系统之数据库操作、图书购买数据获取之网络爬虫、超市营业额数据分析之数据处理及超市营业额数据再分析之数据可视化。在章节安排上，本书采用"案例描述"+"知识准备"+"案例分析与实现"+"本章小结"+"课后训练"的模式，既有知识性的讲解，又提供了充足的项目案例，并且本书所选案例都是从企业项目中改良而来，确保学习者在理解理论知识的前提下可以做到学以致用。

本书由江苏电子信息职业学院"Python 程序设计"课程组教师编写，徐义晗老师负责整体内容规划并编写第 1、2 章；李阳和王润玲老师负责资料收集并编写了第 4、8、9、11、12 章；孙娟、刘方涛、王彬、张俞老师编写了第 3、5、6、7 章；宋学永老师作为企业工程师负责提供项目案例并编写了第 10 章。

- 内容全面：本书涵盖了 Python 的基本语法、程序控制结构、函数、模块与包、类和对象、异常处理、文件操作、数据库操作、网络爬虫、数据处理和数据可视化等方面的内容，使学生能够全面了解 Python 的基础知识和应用实践。
- 实用性强：本书结合大量实例和案例，详细介绍了 Python 在各个领域的应用方法和实现过程，使学生能够更好地将所学知识应用到实际场景中。
- 易学易懂：本书遵循通俗易懂的原则，通过简洁明了的语言和清晰易懂的代码示例，使学生能够轻松掌握 Python 的应用实践与技巧。

希望本书能够帮助学生更好地掌握 Python 的核心概念和应用，并为在未来的学习和工作中提供有益的参考。由于编者水平有限，书中难免会有疏漏和不足之处，欢迎读者提出宝贵意见，以便及时改正，我们将不胜感激。

编　者

目录

Python 基础篇

第 1 章　Python 简介　2

- 1.1　Python 概述 2
  - 1.1.1　Python 的发展历史 2
  - 1.1.2　Python 的特点 3
- 1.2　Python 的下载与安装 3
  - 1.2.1　Python 的版本 3
  - 1.2.2　下载 Python 4
  - 1.2.3　安装 Windows 版本的 Python 5
  - 1.2.4　安装 Linux 版本的 Python 7
- 1.3　Python 的开发工具 7
  - 1.3.1　运行 Python 的方式 7
  - 1.3.2　Python 自带的 IDLE 8
  - 1.3.3　第三方开发工具——PyCharm 8
- 1.4　第一个 Python 程序 12
  - 1.4.1　使用命令 12
  - 1.4.2　使用 IDLE 12
  - 1.4.3　使用 PyCharm 13
- 1.5　Python 代码格式 15
  - 1.5.1　注释 16
  - 1.5.2　缩进 17
  - 1.5.3　标识符 17
  - 1.5.4　保留字 18
- 案例分析与实现 18
  - 案例分析 18
  - 案例实现 18
- 本章小结 19
- 课后训练 19

第 2 章　Python 语言基础　21

- 2.1　变量与数据类型 21
  - 2.1.1　变量 21
  - 2.1.2　数据类型 22
- 2.2　简单数据类型 22
  - 2.2.1　数字类型 22
  - 2.2.2　布尔类型 24
  - 2.2.3　数据类型转换 24
- 2.3　组合数据类型 24
  - 2.3.1　字符串类型 25
  - 2.3.2　列表类型 31
  - 2.3.3　元组类型 36
  - 2.3.4　集合类型 37
  - 2.3.5　字典类型 38
- 2.4　运算符 42
  - 2.4.1　算术运算符 42
  - 2.4.2　赋值运算符 43
  - 2.4.3　比较运算符 43
  - 2.4.4　逻辑运算符 43
  - 2.4.5　位运算符 44
  - 2.4.6　成分运算符 45
  - 2.4.7　运算符的优先级 45
- 案例分析与实现 46
  - 案例分析 46
  - 案例实现 46
- 本章小结 47
- 课后训练 47

第 3 章　程序控制结构　49

- 3.1　流程控制 49
- 3.2　判断语句 49
  - 3.2.1　if 语句 50
  - 3.2.2　if…else 语句 50
  - 3.2.3　if…elif…else 语句 51
- 3.3　循环语句 52
  - 3.3.1　for 循环 52
  - 3.3.2　while 循环 53
- 3.4　跳转语句 54
  - 3.4.1　break 语句 54
  - 3.4.2　continue 语句 54
  - 3.4.3　pass 语句 55
- 案例分析与实现 55
  - 案例分析 55
  - 案例实现 56
- 本章小结 57
- 课后训练 57

第 4 章　函数　　59

- 4.1　函数的定义 59
- 4.2　参数 60
  - 4.2.1　形参和实参 60
  - 4.2.2　默认参数 60
  - 4.2.3　关键字参数 60
  - 4.2.4　可变参数 61
- 4.3　变量的作用域 62
- 4.4　嵌套函数 63
- 4.5　匿名函数 65
- 4.6　递归函数 65
- 案例分析与实现 66
  - 案例分析 66
  - 案例实现 66
- 本章小结 67
- 课后训练 67

第 5 章　模块与包　　69

- 5.1　模块 69
  - 5.1.1　模块的创建和导入 69
  - 5.1.2　模块的搜索目录 70
- 5.2　包 72
- 5.3　标准模块 72
- 5.4　第三方模块 73
- 案例分析与实现 74
  - 案例分析 74
  - 案例实现 74
- 本章小结 75
- 课后训练 75

第 6 章　类和对象　　77

- 6.1　面向对象程序设计的概念 77
- 6.2　类的定义和使用 78
  - 6.2.1　定义类 78
  - 6.2.2　创建类的实例 78
  - 6.2.3　创建 __init__() 方法 78
  - 6.2.4　创建类的成员并访问 79
- 6.3　继承机制 82
- 6.4　访问限制 83
- 案例分析与实现 85
  - 案例分析 85
  - 案例实现 86
- 本章小结 89

- 课后训练 89

第 7 章　异常　　91

- 7.1　标准异常 91
- 7.2　处理异常 93
- 7.3　自定义异常 94
- 案例分析与实现 95
  - 案例分析 95
  - 案例实现 95
- 本章小结 96
- 课后训练 96

Python 项目实战篇

第 8 章　文件备份之文件操作　　99

- 8.1　文件的应用级操作 99
  - 8.1.1　文件的打开和创建 99
  - 8.1.2　文件的读取和写入 100
- 8.2　文件的系统级操作 105
- 案例分析与实现 107
  - 案例分析 107
  - 案例实现 107
- 本章小结 108
- 课后训练 108

第 9 章　学生信息管理系统之数据库操作　　110

- 9.1　Python 数据库开发简介 110
- 9.2　SQLite 111
  - 9.2.1　SQLite 简介 111
  - 9.2.2　SQLite 操作 111
- 9.3　MySQL 113
  - 9.3.1　MySQL 简介 113
  - 9.3.2　MySQL 操作 113
- 案例分析与实现 116
  - 案例分析 116
  - 案例实现 116
- 本章小结 121
- 课后训练 121

第 10 章　图书购买数据获取之网络爬虫　　123

- 10.1　认识网络爬虫 123

10.1.1	网络爬虫的概念	123
10.1.2	网络爬虫的分类	123
10.1.3	网络爬虫的合法性	124
10.1.4	Robots 协议	124

10.2 HTTP 的概念 125
    10.2.1 请求与响应过程 125
    10.2.2 请求 125
    10.2.3 状态码 126

10.3 HTML 的概念 126

10.4 网页爬取 127
    10.4.1 发送请求 128
    10.4.2 网页解析 130

案例分析与实现 140
    案例分析 140
    案例实现 141

本章小结 142
课后训练 142

第 11 章 超市营业额数据分析之数据处理   144

11.1 NumPy 144
    11.1.1 NumPy 简介 144
    11.1.2 NumPy 安装 145
    11.1.3 NumPy 基本操作 145

11.2 Pandas 153
    11.2.1 Pandas 简介 153
    11.2.2 Pandas 安装 153
    11.2.3 Pandas 基本操作 153

案例分析与实现 165
    案例分析 165
    案例实现 165

本章小结 169
课后训练 169

第 12 章 超市营业额数据再分析之数据可视化   171

12.1 Matplotlib 171
    12.1.1 Matplotlib 简介 171
    12.1.2 Matplotlib 安装 171
    12.1.3 图形绘制 171
    12.1.4 常见图形示例 175

12.2 Pyecharts 178
    12.2.1 Pyecharts 简介 178
    12.2.2 Pyecharts 安装 179
    12.2.3 图形绘制 179
    12.2.4 常见图形示例 183

案例分析与实现 187
    案例分析 187
    案例实现 187

本章小结 191
课后训练 191

参考文献   192

Python
基础篇

第 1 章

Python 简介

案例描述

实现一个乘法计算器。

用户输入两个整数,输出两个整数相乘的表达式及结果。例如,输入"4"和"5",输出"4*5=20"[①]。

知识准备

Python 可以应用于众多领域,如数据分析、组件集成、网络服务、图像处理、数值计算和科学计算等。目前,业内如 YouTube、豆瓣、知乎等大型与中型互联网企业都在使用 Python。通过 Python,企业可以实现自动化运维、自动化测试、大数据分析、网络爬虫、Web 应用开发等。通过本章学习,学生可以了解什么是 Python、如何安装 Python,以及 Python 有哪些运行方式等。

1.1 Python 概述

1.1.1 Python 的发展历史

自从 20 世纪 90 年代初 Python 诞生至今,它已被广泛应用于系统任务处理和 Web 应用开发。

Python 的创始人为吉多·范罗苏姆(Guido van Rossum)。1989 年 12 月下旬,在阿姆斯特丹,吉多为了打发圣诞节的无趣,决心开发一个新的脚本解释程序,作为 ABC 语言的一种继承。而之所以用"Python"一词作为该编程语言的名字,是因为吉多是 Monty Python 喜剧的爱好者。

ABC 是由吉多参与设计的一种教学语言。对吉多本人而言,ABC 语言非常优美和强大,是专门为非专业的开发人员设计的。但是 ABC 语言并没有成功,究其原因,在于其具有非开放性。吉多决心用 Python 弥补这一不足,同时,他还想实现在 ABC 语言中闪现过但未曾实现的功能。

就这样,Python 在吉多手中诞生了。可以说,Python 是从 ABC 语言发展起来的,主要受到了 Modula-3(另一种非常优美和强大的语言,为小型团体而设计)的影响,并且结合了

---

① 为与程序代码保持一致,本书乘号"×"用"*"号表示,除号"÷"用"/"表示。

UNIX Shell 和 C 语言的习惯。

如今，Python 已经成为最受欢迎的程序设计语言之一。自 2004 年以来，Python 的使用率呈线性增长，并长期位列 TIOBE 编程语言排行榜前几名。

1.1.2 Python 的特点

（1）易于学习。Python 中有相对较少的关键字，结构简单，且有一个明确定义的语法，学习起来非常简单。

（2）易于阅读。Python 中代码的定义非常清晰。

（3）易于维护。Python 的成功在于它的代码是非常容易维护的。

（4）广泛的标准模块。Python 的一个突出优势是有丰富的模块，且是跨平台的，在 UNIX、Windows 和 macOS 系统中都有很好的兼容性。

（5）可移植。基于其开源免费的特性，Python 可以被移植到许多平台中。

（6）可扩展。如果需要一段运行很快的关键代码，或者想要编写一些不希望开放的算法，开发人员可以使用 C 语言或 C++ 语言完成关键代码或算法的编写，然后通过 Python 对其进行调用。

（7）数据库。Python 提供所有主要的商业数据库的接口。

（8）开源。Python 开源免费的特性使用户可以自由下载、阅读、修改代码，并不断完善和优化 Python 的功能。

（9）可嵌入。开发人员可以将 Python 嵌入 C/C++ 程序，赋予程序的用户"脚本化"的能力。

1.2 Python 的下载与安装

在正式学习 Python 之前，需要先搭建 Python 开发环境。Python 是跨平台的开发工具，可以在多个系统中进行编程，而其编写好的程序也可以在不同的系统中运行。由于 Python 是解释型编程语言，因此需要下载解释器，才能运行代码。这里说的安装 Python 其实就是安装 Python 的解释器。下面先介绍 Python 的版本，再介绍 Python 的下载与安装方法。

1.2.1 Python 的版本

Python 自发布以来，主要有 3 个版本系列：Python 1.x、Python 2.x 和 Python 3.x。其中，Python 1.x 早已过时；Python 2.7 是 Python 2.x 的最后一个版本，目前已经停止开发，不再增加新功能。Python 中所有标准模块的更新与改进，只会在 Python 3.x 中出现。

Python 3.x 和 Python 2.x 相互之间并不兼容，两者最大的区别为是否使用 Unicode 作为默认编码。在 Pyhton 2.x 中，如果直接编写中文会报错；而在 Python 3.x 中，可以直接编写中文。近年来，支持 Python 3.x 的开源项目越来越多，且知名的项目一般都支持 Python 2.7 和 Python 3.x。Python 3.x 比 Python 2.x 更加具有规范性与统一性，去掉了不必要的关键字。目前，Python 仍在持续改进，截至 2021 年 4 月，Python 已经更新到 Python 3.9.2。

综上所述，建议学生使用 Python 3.x 进行学习和操作。

1.2.2　下载 Python

用户可以在 Python 官网中看到 Python 的最新代码、二进制文本、新闻资讯等资料，也可以在官网中下载 Python 的文本，或者下载 HTML、PDF 和 PostScript 等格式的文本。

现在详细介绍如何下载 Python。

（1）打开 Web 浏览器，访问 Python 官网，Python 首页如图 1-1 所示。

◎ 图 1-1　Python 首页

（2）选择稳定的 Python 3.x 发行版，单击进入对应的下载页面，如图 1-2 所示。

◎ 图 1-2　下载页面

（3）在"Version"列选择操作系统对应的安装包，进行下载。"embeddable zip file"表示嵌入式版本，可以集成到其他应用中；"executable installer"表示可以通过可执行文件方式进行离线安装；"web-based installer"表示需要联网进行安装。这里选择 64 位 Windows 系统的离线安装包，如图 1-3 所示。

◎ 图 1-3　选择 64 位 Windows 系统的离线安装包

1.2.3 安装 Windows 版本的 Python

（1）找到下载好的安装包，如图 1-4 所示。

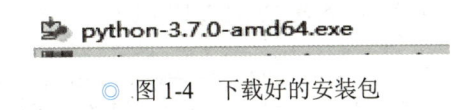

◎ 图 1-4　下载好的安装包

（2）双击运行安装包，打开 Python 安装向导窗口，如图 1-5 所示。

◎ 图 1-5　Python 安装向导窗口

注意：勾选"Add Python 3.7 to PATH"复选框。

（3）单击"Install Now"按钮，进行默认安装，或者单击"Customize Installation"按钮，进行自定义安装。自定义安装可以选择安装的目录及需要安装的一些组件等。此处选择默认安装。安装进程窗口如图 1-6 所示。

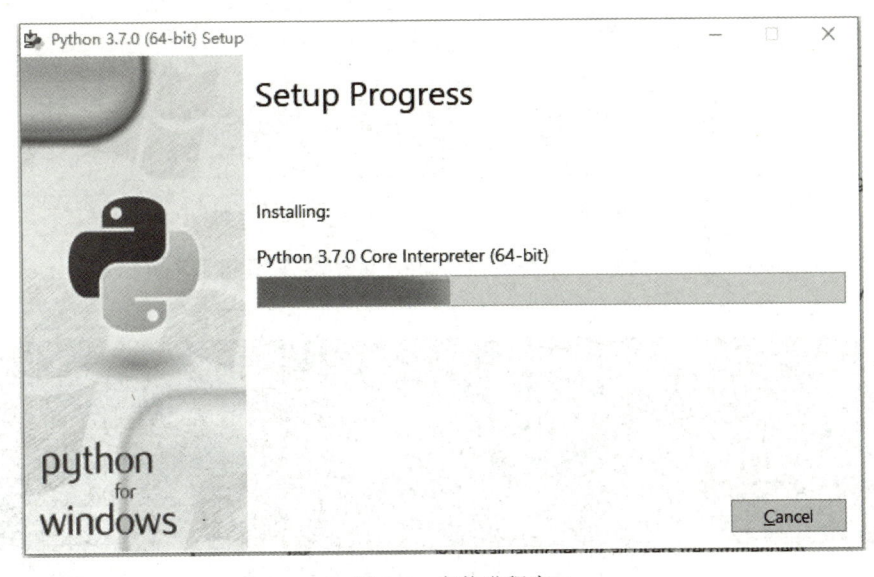

◎ 图 1-6　安装进程窗口

等待安装结束,安装成功提示窗口如图 1-7 所示。

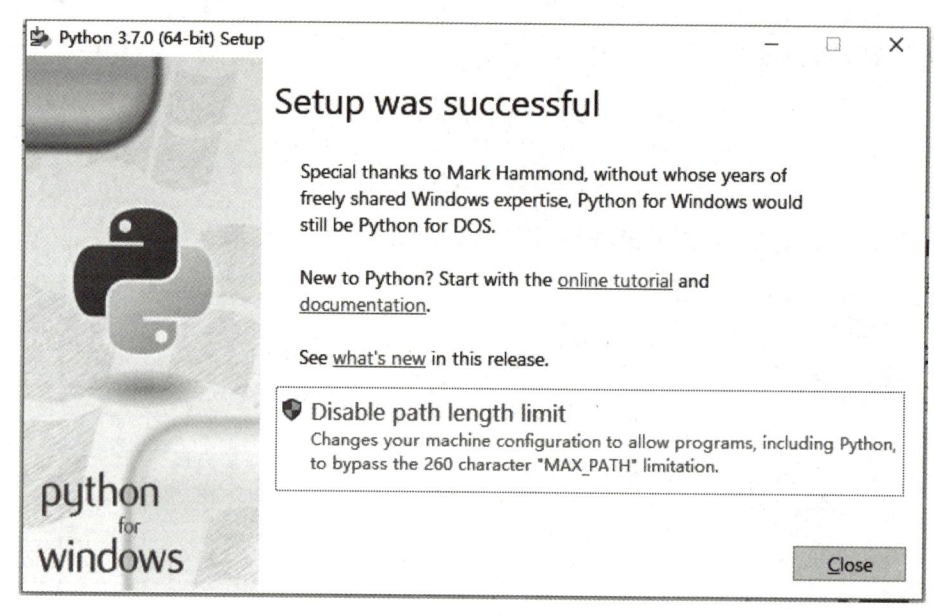

◎ 图 1-7 安装成功提示窗口

(4)如果安装成功提示窗口中出现"Disable path length limit"按钮,则单击该按钮,可以解除系统对 Path 环境变量长度的自动限制,从而避免很多的麻烦。至此,Python 已经安装完成。

(5)验证是否安装成功。按 Windows+R 快捷键,打开"运行"对话框,在"打开"文本框中输入"cmd"后单击"确定"按钮,如图 1-8 所示。

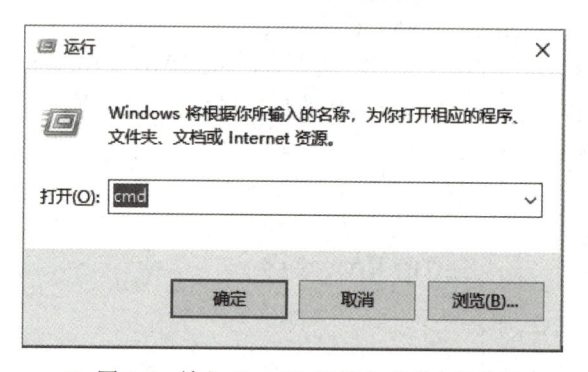

◎ 图 1-8 输入"cmd"后单击"确定"按钮

在"命令提示符"窗口中输入"python"后按 Enter 键,如图 1-9 所示。

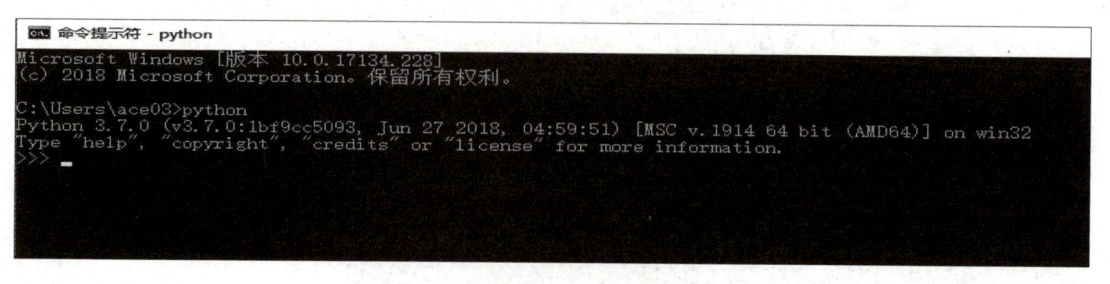

◎ 图 1-9 输入"python"后按 Enter 键

根据图 1-9 可知，Python 安装无误，可以成功运行。

1.2.4　安装 Linux 版本的 Python

（1）安装 Python 3.7 能使用的依赖：

yum install openssl-devel bzip2-devel expat-devel gdbm-devel readline-devel sqlite-devel libffi-devel gcc -y

（2）下载 Python 3.7，代码如下：

cd /usr/local

wget https://www.Python.org/ftp/Python/3.7.0/Python-3.7.0.tgz

Python 3.7 下载提示如图 1-10 所示。

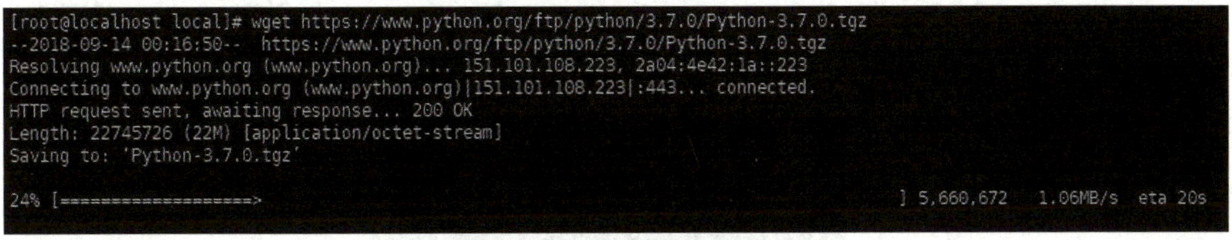

◎ 图 1-10　Python 3.7 下载提示

（3）解压缩安装包，得到 Python-3.7.0 文件夹，代码如下：

tar -zxvf Python-3.7.0

（4）进入 Python 目录，代码如下：

cd /usr/local/Python-3.7.0/

（5）进行配置，代码如下：

./configure

（6）编译 make，代码如下：

make

（7）继续编译并安装，代码如下：

make install

（8）安装成功后进行验证，代码如下：

python3

Python 3.7 安装成功提示如图 1-11 所示。

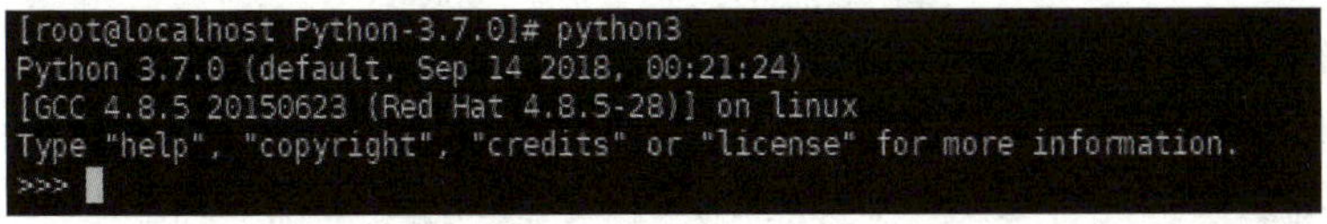

◎ 图 1-11　Python 3.7 安装成功提示

1.3　Python 的开发工具

1.3.1　运行 Python 的方式

（1）在"命令提示符"窗口中输入"python"，可在图形交互窗口中直接编写简易的代码，但对于复杂代码，则无法使用此方法来编写。

（2）使用 Python 自带的集成开发环境（IDLE）进行操作，1.3.2 节将详细介绍它的使用方法。

（3）使用任意文本编辑器，按照 Python 的语法格式编写代码，存储为 .py 文件，然后在"命令提示符"窗口中通过"文件名"来执行。

（4）使用其他集成开发工具，进行 Python 应用的开发，如 Eclipse、PyCharm 等。

使用 Python 自带的 IDLE 执行代码可以提高效率，对于开发一些大型的项目或者含有复杂代码的程序是很有必要的。

1.3.2　Python 自带的 IDLE

安装好 Python 3.7 后，可以在"Python 3.7"文件夹中找到自带的"IDLE"文件，如图 1-12 所示。

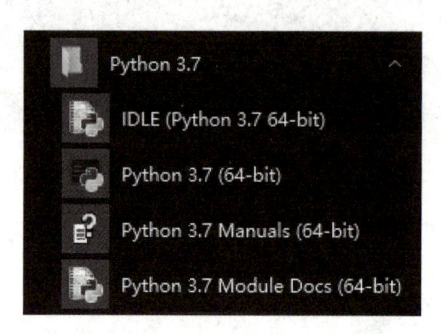

◎ 图 1-12　自带的"IDLE"文件

单击"IDLE"文件，打开图形交互窗口，如图 1-13 所示。

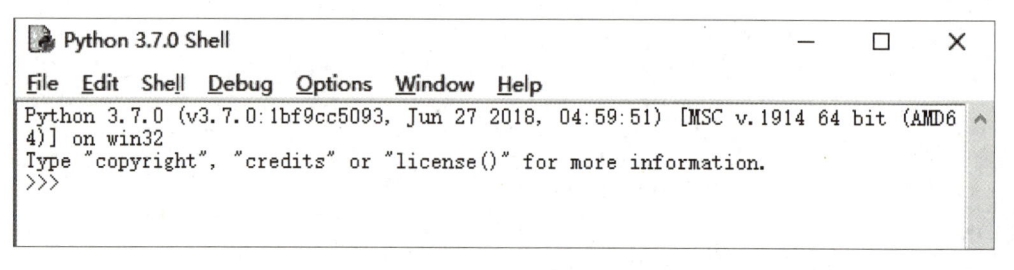

◎ 图 1-13　图形交互窗口

IDLE 提供两种方式执行代码：（1）交互式执行，用户可以在 Python 提示符">>>"后面输入相应的命令来执行特定功能的代码；（2）文件式执行，单独创建一个文件来存储这些代码，在编写完全部后一起执行。具体操作如下：在 IDLE 运行的状态下按 Ctrl+N 快捷键，新建一个文件，并按照 Python 的语法格式在图形交互窗口中输入命令，按 Ctrl+S 快捷键存储文件，按 F5 快捷键运行程序。

1.3.3　第三方开发工具——PyCharm

PyCharm 是一个 Python 外部的集成开发环境，带有一整套可以帮助用户在使用 Python 时提高其效率的工具，如调试、语法高亮、项目管理、代码跳转、智能提示、自动完成、单元测试、版本控制等。此外，该集成开发环境还提供了一些高级功能，以支持 Django 框架下的专业 Web 应用开发。

（1）下载。

访问 PyCharm 官网，PyCharm 首页如图 1-14 所示。

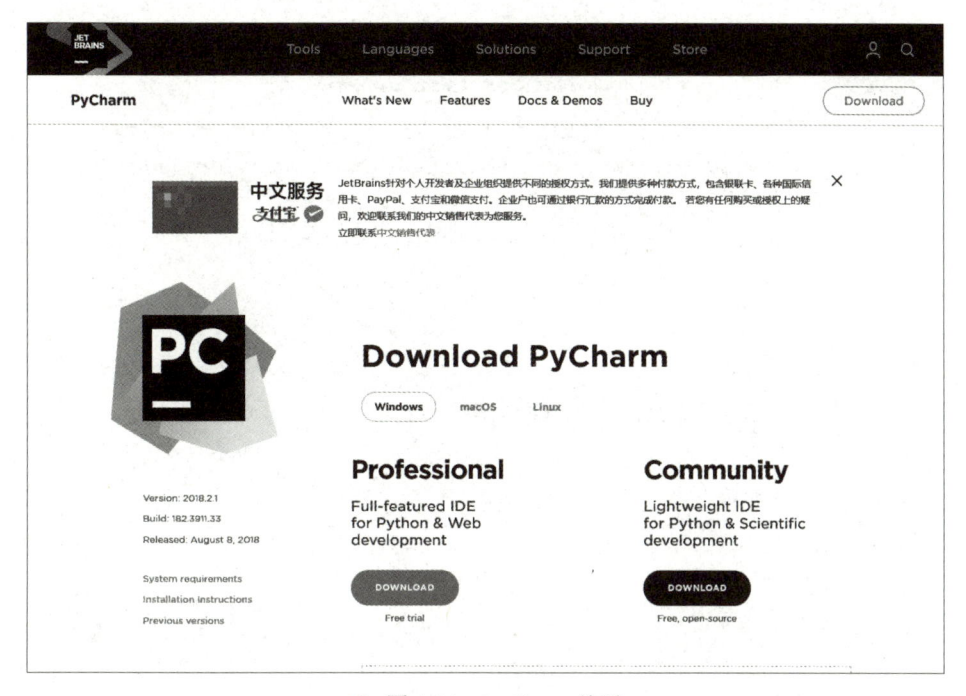

◎ 图 1-14　PyCharm 首页

该软件有两个版本，"Community"版本是完全免费的，但是功能不完整。建议安装"Professional"版本。如果是学生，则可以申请免费使用"Professional"版本。

学生在申请页面中填写 E-mail 地址并完成申请后，会收到一封激活邮件。单击链接激活之后，会收到一封包含下载地址的邮件，完成下载后便可以免费使用"Professional"版本的 PyCharm 了。

（2）安装。

双击运行下载好的 PyCharm 安装包，打开 PyCharm 安装向导窗口，如图 1-15 所示。

◎ 图 1-15　PyCharm 安装向导窗口

单击"Next"按钮,在新打开的窗口中单击"Browse"按钮,选择安装目录,如图 1-16 所示。

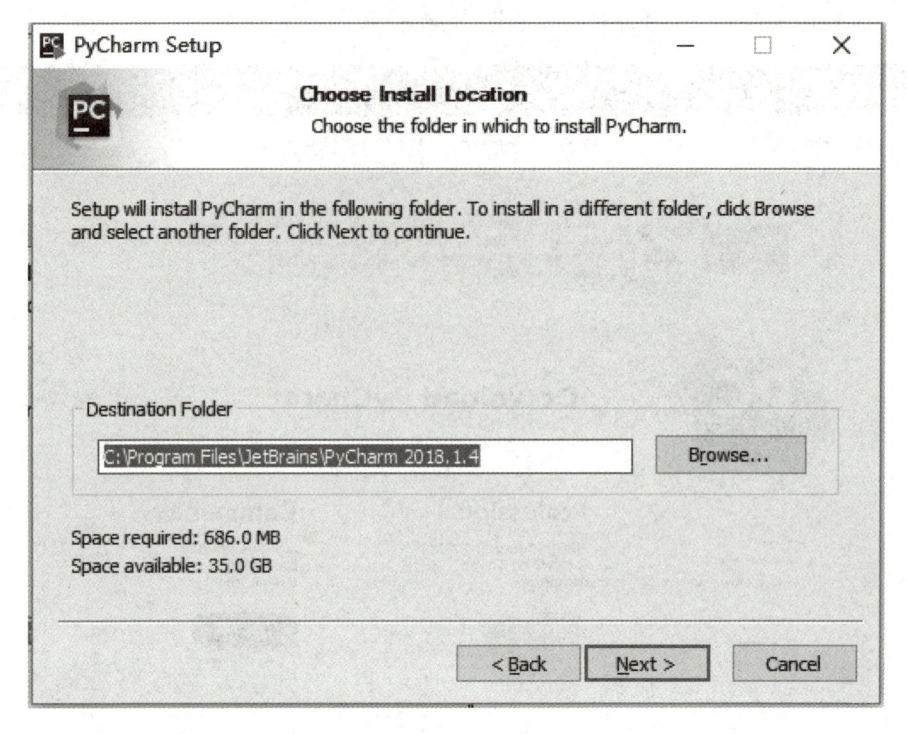

◎ 图 1-16 选择安装目录

根据当前计算机配置,可以在安装配置窗口(见图 1-17)中选择安装 32 位或者 64 位启动器。第一次安装建议勾选"Download and install JRE x86 by JetBrains"复选框。

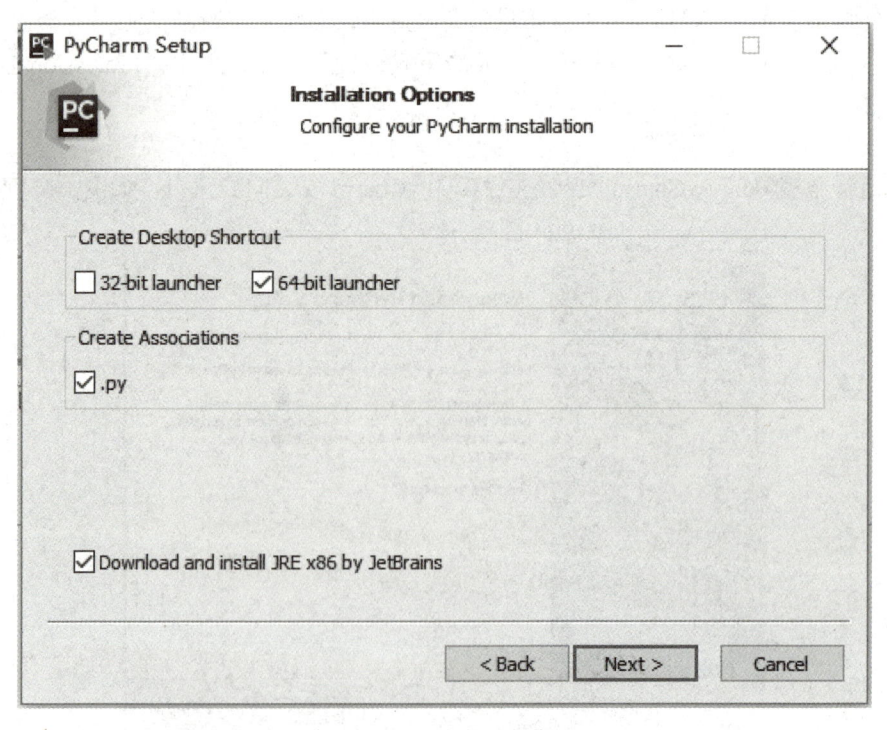

◎ 图 1-17 安装配置窗口

保持默认设置，单击"Install"按钮开始安装，如图 1-18 所示。

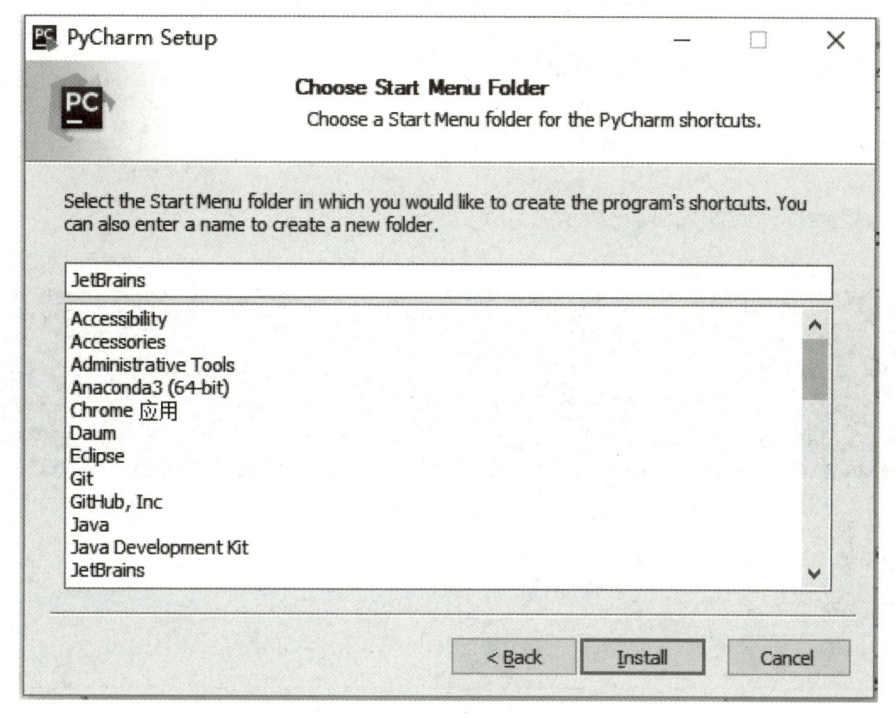

◎ 图 1-18　开始安装

等待安装结束，如图 1-19 所示。

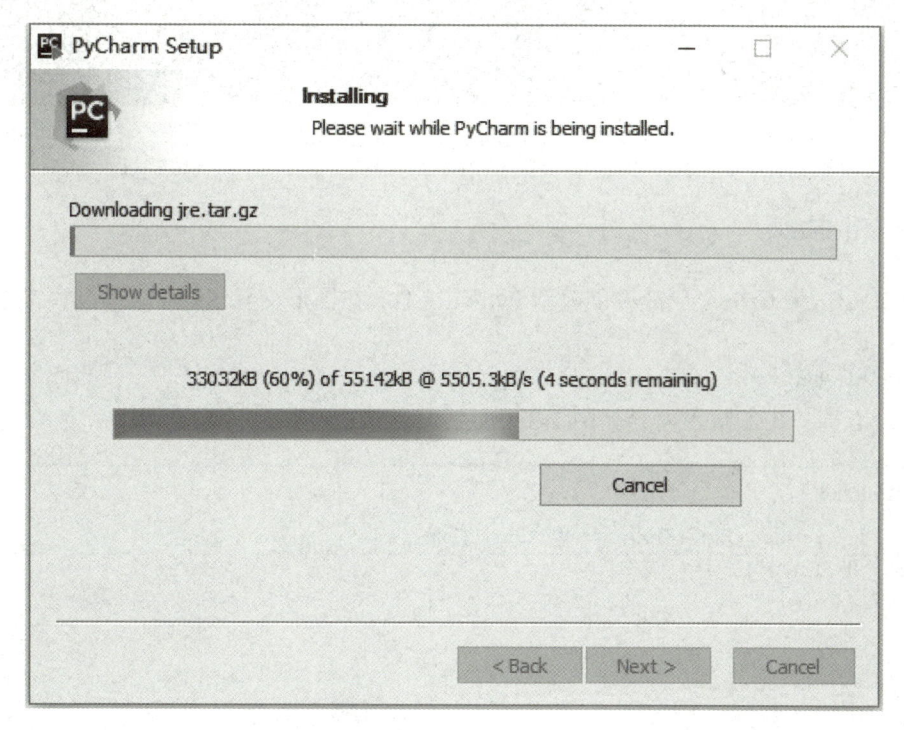

◎ 图 1-19　等待安装结束

安装完成后，单击"Finish"按钮关闭窗口。

1.4 第一个 Python 程序

下面通过 3 种方式实现输出"Hello World"语句。

1.4.1 使用命令

Python 的运行模式如图 1-20 所示。

◎ 图 1-20 Python 的运行模式

代码如下：

```
print('Hello World')
```

按 Enter 键，可以得到运行结果，输出"Hello World"，如图 1-21 所示。

◎ 图 1-21 输出"Hello World"

1.4.2 使用 IDLE

打开 IDLE，按 Ctrl+N 快捷键创建新 Python 文件。在图形交互窗口中，可以直接编写如下代码：

```
print('Hello World')
```

图形交互窗口中的输入内容如图 1-22 所示。

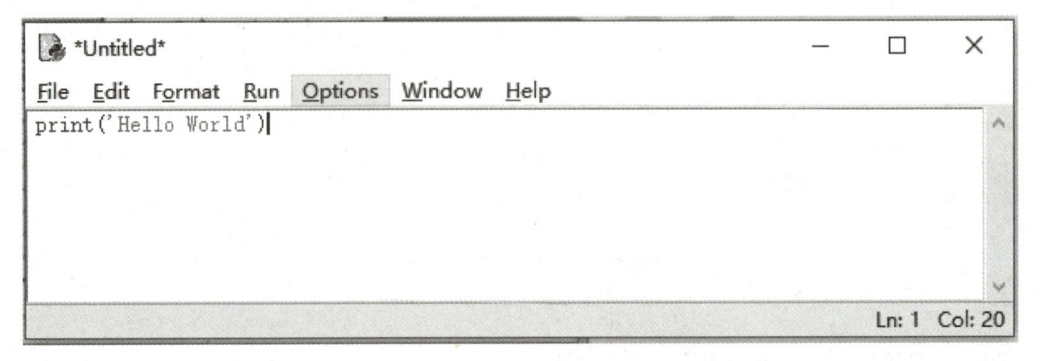

◎ 图 1-22 图形交互窗口中的输入内容

按 Ctrl+S 快捷键存储文件，将文件名设置为"hello.py"。按 F5 快捷键运行程序，将打开图形交互窗口，显示运行结果，如图 1-23 所示。

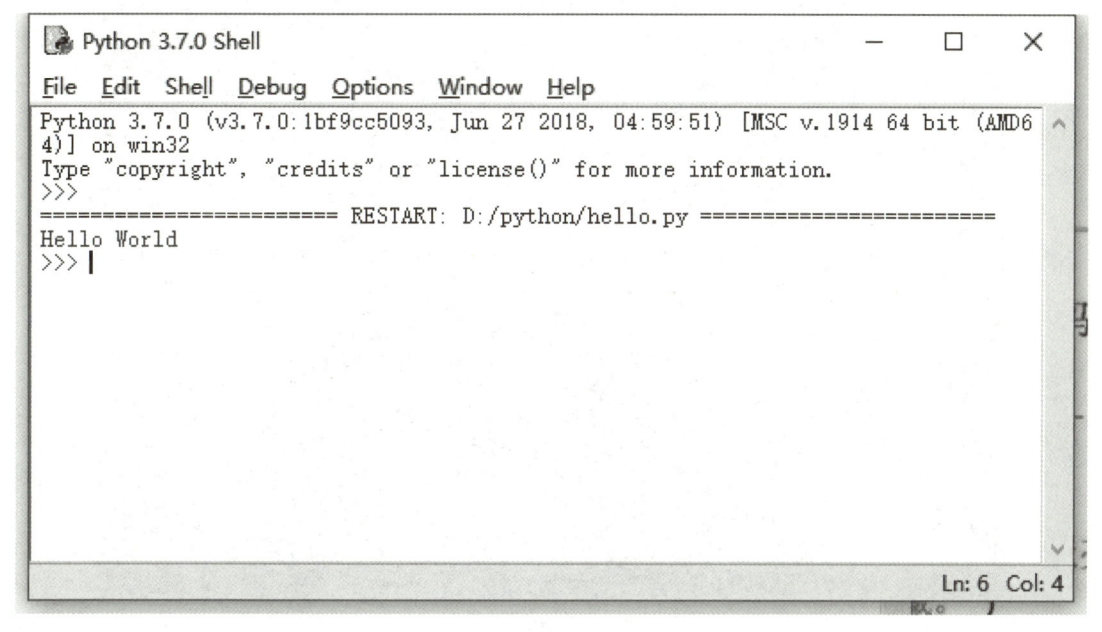

◎ 图 1-23　显示运行结果

1.4.3　使用 PyCharm

打开 PyCharm，单击"Create New Project"按钮，创建新项目，如图 1-24 所示。

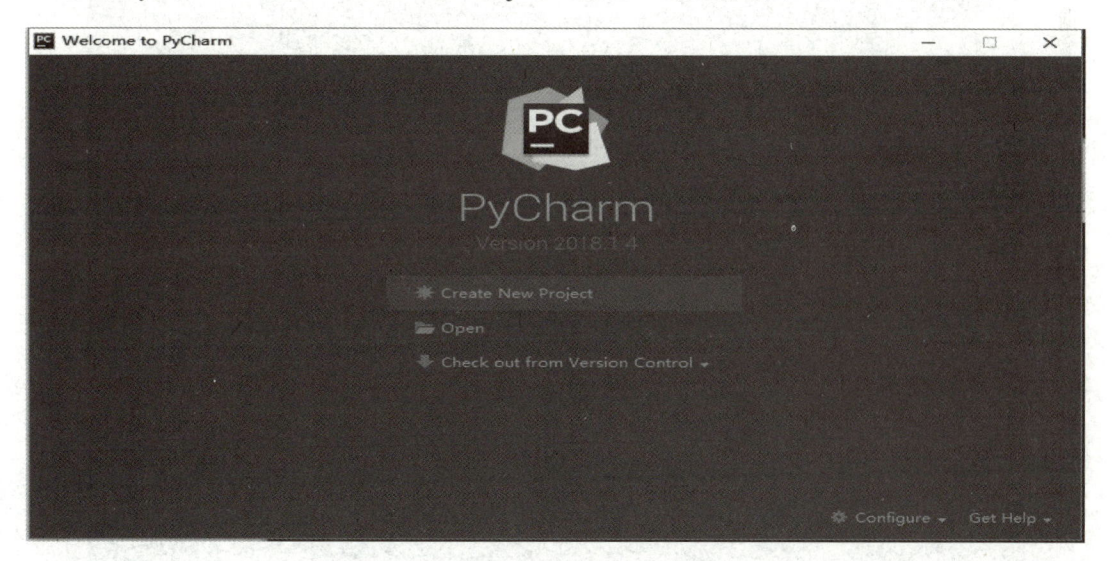

◎ 图 1-24　创建新项目

在左侧的菜单栏中选择"Pure Python"命令，在右侧设置项目存储地址，如图 1-25 所示，单击"Create"按钮。

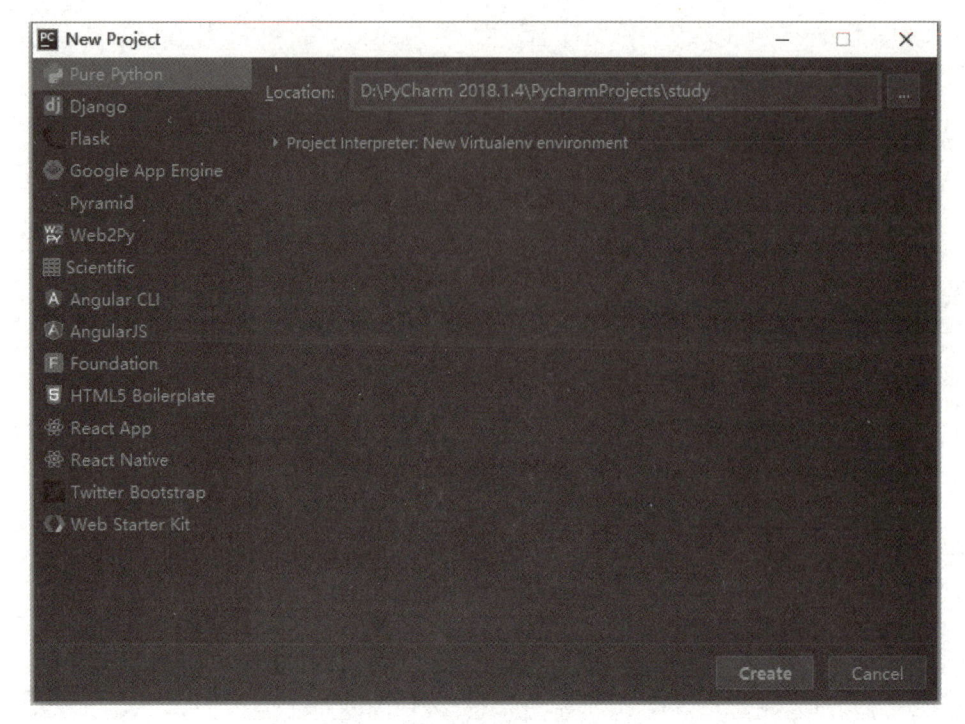

◎ 图 1-25　设置项目存储地址

单击"study"文件夹，在弹出的快捷菜单中选择"New"→"Python File"命令，新建一个 Python 文件并将其命名为"hello.py"，如图 1-26 所示。

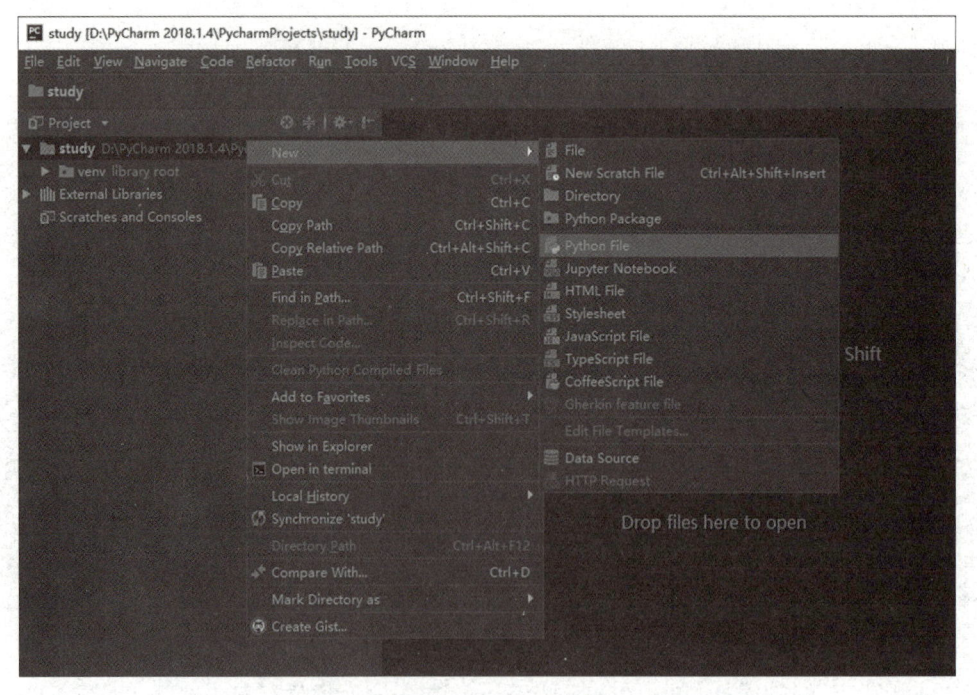

◎ 图 1-26　新建一个 Python 文件并将其命名为"hello.py"

对文件进行编辑（见图 1-27），代码如下：

```
print('Hello World')
```

◎ 图 1-27　对文件进行编辑

编辑完成后右击文件，在弹出的快捷菜单中选择"Run 'hello'"命令，如图 1-28 所示；程序输出结果如图 1-29 所示。

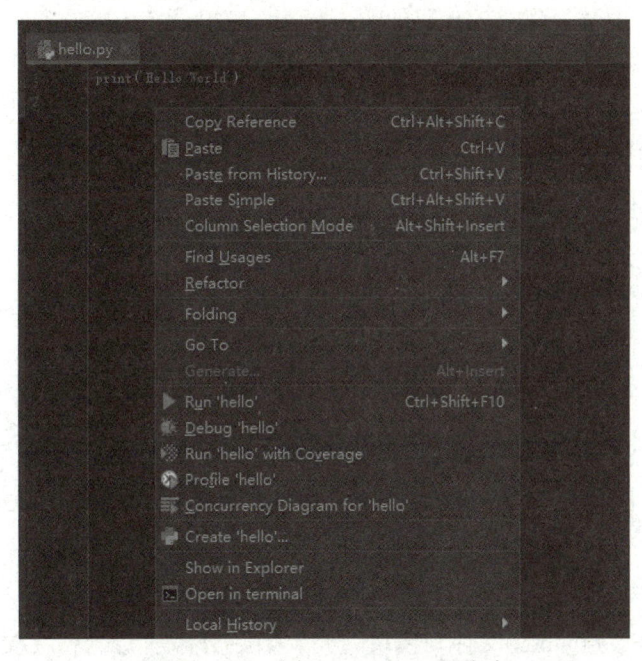

◎ 图 1-28　选择"Run 'hello'"命令

◎ 图 1-29　程序输出结果

1.5　Python 代码格式

Python 代码格式是 Python 语法格式的组成之一。不符合格式规范的代码无法正确执行，而良好的Python代码格式能提升代码的可读性。因此在学习初期，学生需要掌握良好的Python代码格式及其书写规范。

1.5.1 注释

注释是代码的解释和说明，用于解释代码的含义和代码实现的功能，从而帮助开发人员更好地阅读代码。注释在程序运行时会被自动忽略，并不会被执行。

Python代码中的注释分为单行注释和多行注释。其中，单行注释使用"#"作为注释的符号，从"#"开始到换行符为止，"#"后面的所有内容均作为注释的内容，语法格式如下：

```
#注释的内容
```

单行注释可以放在需要注释的代码的前一行，也可以放在代码的右侧。除此之外，"#"还可以用于注释掉暂时不需要执行的代码。

多行注释使用三引号""""或者"'''"作为注释的符号（三引号必须是成对出现的），三引号之间的所有内容均为注释的内容，由于可以编写多行，因此被称为"多行注释"，语法格式如下：

```
'''
注释内容1
注释内容2
…
'''
```

或者：

```
"""
注释内容1
注释内容2
…
"""
```

多行注释多用来为Python文件、模块、类及函数等添加功能和版权等信息。另外，在Python中，三引号也可以为字符串设定边界。例如，输入内容如下：

```
print("""
《望庐山瀑布》
        李白
日照香炉生紫烟，
遥看瀑布挂前川。
飞流直下三千尺，
疑是银河落九天。""")
```

运行结果如下：

```
《望庐山瀑布》
        李白
日照香炉生紫烟，
遥看瀑布挂前川。
飞流直下三千尺，
疑是银河落九天。
```

如果三引号作为代码的一部分出现，则表示字符串的边界；如果作为单独的代码出现，则表示多行注释。

1.5.2 缩进

Python 与使用"{}"来分隔代码的编程语言不同，它通过代码缩进和":"来区分代码之间的层次。Python 中的代码有严格的缩进要求，可以通过按空格键或者 Tab 键来实现，但同一个级别的代码的缩进量必须相同，示例代码如下：

```
if True:
    print("True")
else:
    print("False")
```

如果代码没有严格缩进，那么在执行时会报错，示例代码如下：

```
if True:
    print("Answer")
    print("True")
else:
    print("Answer")
  # 代码没有严格缩进，在执行时会报错
 print("False")
```

错误信息如下：

```
File "D:/PyCharm 2018.1.4/PycharmProjects/study/1.py", line 7
    print("False")
IndentationError: unindent does not match any outer indentation level
```

Python 中代码的严格缩进还体现在，如果在编写代码的过程中混用了空格键和 Tab 键，同样会报错。因此，在 Python 中，同一级别的代码必须使用相同的行首缩进量。在通常情况下，按 4 次空格键或者按一次 Tab 键为一个缩进量。

1.5.3 标识符

标识符是用来标识某个实体的符号，在不同的应用环境下有不同的含义。在计算机编程语言中，标识符是用户编程时使用的名称，用于为变量、常量、函数、语句块等对象命名，以建立名称与对象之间的关系。

Python 中的标识符由字母、数字和下画线构成，且第一个字符不能是数字。以下画线开头的标识符具有特殊的含义。例如，以双下画线开头的标识符表示类的私有成员，而以单下画线开头的标识符则表示不能直接访问的类属性等。标识符不能是 Python 的保留字，而且严格区分大小写。除此之外，Python 允许使用汉字作为标识符，但尽量不要使用汉字作为标识符。

标识符示例如下（包括合法标识符与不合法标识符）：

```
Stu_1       # 合法标识符
Stu@1       # 不合法标识符；标识符中不能出现"@"
1stu        # 不合法标识符；标识符不能以数字开头
if          # 不合法标识符；if 是保留字，不允许作为标识符
```

1.5.4 保留字

保留字指在高级语言中已经被定义并使用的标识符。每个保留字都有不同的作用，用户

不能再将此类标识符作为变量名或过程名使用。Python 中的所有保留字都可以通过 IDLE 来查看，代码如下：

```
import keyword
keyword.kwlist
['False', 'None', 'True', 'and', 'as', 'assert', 'break', 'class', 'continue', 'def', 'del', 'elif', 'else', 'except', 'finally', 'for', 'from', 'global', 'if', 'import', 'in', 'is', 'lambda', 'nonlocal', 'not', 'or', 'pass', 'raise', 'return', 'try', 'while', 'with', 'yield']
```

Python 中的保留字是严格区分大小写的，而且在程序编写过程中，如果使用保留字作为变量名或者过程名，则会抛出异常。例如，使用保留字作为变量名的错误提示如图 1-30 所示。

```
>>> if = 0
SyntaxError: invalid syntax
```

◎ 图 1-30　使用保留字作为变量名的错误提示

案例分析与实现

案例分析

Python 中的 input() 函数用于接收一个标准的输入数据，并返回一个字符串。在得到用户输入的整数之后，先将 input() 函数输出的字符串使用 int() 函数转换为数字，再令两个整数相乘，最后使用 print() 函数输出结果。

案例实现

运行 IDLE，按 Ctrl+N 快捷键，新建一个文件，代码如下：

```
a = int(input(' 请输入第一个整数 :a = '))
b = int(input(' 请输入第二个整数 :b = '))
print('a * b = ', a*b)
```

按 Ctrl+S 快捷键存储文件为"multiply.py"，按 F5 快捷键运行程序。在图形交互窗口中"请输入第一个整数 :a ="语句后面输入一个整数，按 Enter 键；在"请输入第二个整数 :b ="语句后面输入第二个整数，按"Enter"键，得到乘法计算器程序的输出结果，如图 1-31 所示。

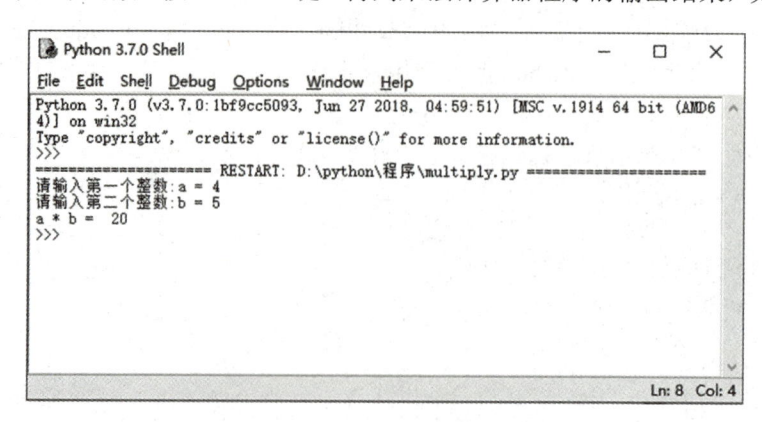

◎ 图 1-31　乘法计算器程序的输出结果

本章小结

本章是学习 Python 的第一步。通过本章的学习，学生可以了解 Python 与其他语言的区别，还可以掌握在不同环境下安装 Python 的方法，熟悉 Python 代码格式，并学会如何使用 Python 进行简单的程序设计。

课后训练

一、选择题

1. Python 文件的扩展名是（　　）。
   A．.py   B．.java
   C．.c   D．.exe
2. 以下变量名错误的是（　　）。
   A．学生 ID   B．stu_id
   C．3stu_age   D．_name
3. Python 的特点不包括（　　）。
   A．易于阅读   B．开源
   C．面向过程   D．可移植
4. 关于 Python 中的注释，以下描述错误的是（　　）。
   A．Python 中的注释语句不会被解释器过滤，也不会被执行
   B．注释可用于标明作者和版权信息
   C．注释可以辅助程序调试
   D．注释用于解释代码的原理或者用途
5. Python 中的保留字不包括（　　）。
   A．int   B．del
   C．try   D．None
6. 关于 Python 中的"缩进"，以下描述正确的是（　　）。
   A．缩进统一为 4 个空格
   B．缩进可以用在任何语句之后，表示语句间的包含关系
   C．缩进的使用具有强制性，且同一级别的代码缩进量相同
   D．缩进的使用具有非强制性，仅用于提高代码的可读性
7. 关于 Python 代码格式，以下描述错误的是（　　）。
   A．Python 不使用严格的"缩进"来表示代码的格式框架
   B．Python 中代码的缩进可以通过按 4 次空格键实现
   C．Python 中代码的缩进可以通过按 Tab 键实现
   D．判断、循环、函数等语句能够通过缩进包含一批代码，进而表达对应的语义

二、简答题

1. 怎样查看 Python 的保留字？
2. Python 的主要特点有哪些？

三、程序设计题

编写程序，输出"欢迎开启 Python 学习之旅"。

第 2 章

Python 语言基础

案例描述

输出用户的 BMI 和胖瘦程度。

BMI[①]（Body Mass Index，身体质量指数）是国际上用来衡量人体胖瘦程度及是否健康的一个标准。BMI=体重÷身高^2（体重的单位为千克，身高的单位为米）。如果用户的 BMI＜18.5，则其偏瘦；如果 BMI 为 18.5～24，则其胖瘦正常；如果 BMI＞24，则其偏胖。用户输入自己的身高和体重，程序输出其 BMI 和胖瘦程度。

知识准备

开发人员在编写程序的过程中需要与各类数据打交道。有的数据是数字，如身高、体重；有的数据是字符串，如人名。根据数据存储形式的不同，Python 将数据类型分为简单数据类型和组合数据类型。通过学习本章内容，学生可以掌握 Python 数据类型的操作方法。

2.1 变量与数据类型

2.1.1 变量

在计算机编程中，变量是存储数据的容器。它是程序中用来表示和存储各种数据的标识符。可以将变量想象为存储在内存中的盒子，每个盒子都有唯一的名称，程序可以通过这个名称来引用和操作盒子中的内容。这个盒子就是我们常说的内存。

程序在运行过程中的数据都会被存储在内存中，为了方便存储与取用内存中的数据，Python 用标识符来标识不同的内存单元，使标识符与数据建立联系。例如，定义一个变量 num，内存中会开辟一个空间，用来存储 num 指向的数据，即 num 变量值。变量的存储结构如图 2-1 所示。

[①] 2023 年 6 月，美国医学协会（AMA）提出一项政策，淡化 BMI 的临床应用，并称 BMI 为"不完美的衡量标准"。该政策建议将腰围或身体成分等其他指标与 BMI 结合起来。世界卫生组织建议亚洲人使用较低的 BMI 来衡量超重和肥胖。

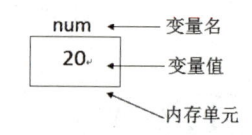

◎ 图2-1 变量的存储结构

用于标识内存单元的标识符被称为"变量名"。Python通过赋值运算符"="对变量进行赋值，语法格式如下：

变量名 = 值

例如，定义一个表示年龄的变量，并对其赋值18，代码如下：

age = 18

2.1.2 数据类型

数据类型是指数据在内存中的存储形式。不同的数据类型在内存中的存储形式和所占用的内存空间是不同的。Python中的数据类型包括简单数据类型和组合数据类型两类，如图2-2所示。

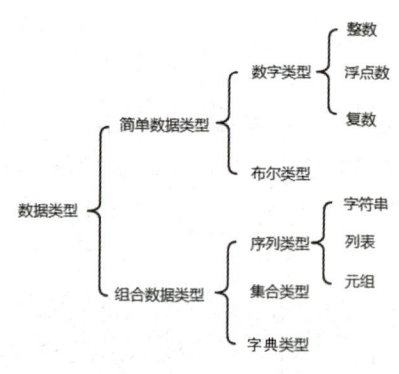

◎ 图2-2 Python中的数据类型

2.2 简单数据类型

简单数据类型包括数字类型和布尔类型。

2.2.1 数字类型

Python支持多种数字类型——整数、浮点数和复数。

1. 整数（int）

整数就是没有小数部分的数字。Python可以处理任意大小的整数。常见的整数包括十进制整数、二进制整数、八进制整数和十六进制整数。

（1）十进制整数：日常生活中使用的数字一般都是十进制整数。

（2）二进制整数：由数字0和1组成，逢二进一。在Python中，二进制整数以"0b"或"0B"开头。例如，将0b1010转换为十进制整数为$1×2^3+1×2^1=10$。

（3）八进制整数：由数字 0～7 组成，逢八进一。在 Python 中，八进制整数以"0o"或"0O"开头。例如，将 0o12 转换为十进制整数为 $1×8^1+2×8^0=10$。

（4）十六进制整数：由数字 0～9，A～F（或 a～f）组成，逢十六进一。在 Python 中，十六进制整数以"0x"或"0X"开头。例如，将 0xa 转换为十进制整数为 10。

在 Python 中，可以通过 bin() 函数、oct() 函数、hex() 函数将十进制整数分别转换为二进制整数、八进制整数和十六进制整数，示例代码如下：

```
>>> print(' 将十进制整数 10 转换为二进制整数：', bin(10))
将十进制整数 10 转换为二进制整数： 0b1010
>>> print(' 将十进制整数 10 转换为八进制整数：', oct(10))
将十进制整数 10 转换为八进制整数： 0o12
>>> print(' 将十进制整数 10 转换为十六进制整数：', hex(10))
将十进制整数 10 转换为十六进制整数： 0xa
```

在 Python 中，可以通过 int() 函数或者 eval() 函数将二进制整数、八进制整数、十六进制整数转换为十进制整数，示例代码如下：

```
>>> # int(x, base=10) 函数中的 base 表示 x 的进制位数，默认值为 10，即 x 为十进制整数
>>> print(' 将二进制整数 0b1010 转换为十进制整数：', int('0b1010', 2))
将二进制整数 0b1010 转换为十进制整数： 10
>>> print(' 将八进制整数 0o12 转换为十进制整数：', int('0o12', 8))
将八进制整数 0o12 转换为十进制整数： 10
>>> print(' 将十六进制整数 0xa 转换为十进制整数：', int('0xa', 16))
将十六进制整数 0xa 转换为十进制整数： 10

>>> # eval() 函数用来执行一个字符串表达式，并返回表达式的值
>>> print(' 将二进制整数 0b1010 转换为十进制整数：', eval('0b1010'))
将二进制整数 0b1010 转换为十进制整数： 10
>>> print(' 将八进制整数 0o12 转换为十进制整数：', eval('0o12'))
将八进制整数 0o12 转换为十进制整数： 10
>>> print(' 将十六进制整数 0xa 转换为十进制整数：', eval('0xa'))
将十六进制整数 0xa 转换为十进制整数： 10
```

2. 浮点数（float）

浮点数由整数部分和小数部分组成，可以使用科学记数法来表示，示例代码如下：

```
>>> a = 0.000000000000002
>>> a
2e-15
```

如果浮点数过长，那么 Python 会自动使用科学记数法对其进行表示。

Python 中浮点数的取值范围存在限制，小数精度也存在限制。这种限制与不同的计算机系统有关，可以通过 sys.float_info 来查看。sys.float_info 是 Python 内置的一个模块，它包含了浮点数的最大值、最小值、精度等信息，代码如下：

```
>>> import sys
>>> sys.float_info
sys.float_info(max=1.7976931348623157e+308, max_exp=1024, ax_10_exp=308, min=2.2250738585072014e-308, min_exp=-1021, min_10_exp=-307, dig=15, mant_dig=53, epsilon=2.220446049250313e-16, radix=2, rounds=1)
```

3. 复数（complex）

复数由实数部分和虚数部分组成，可以用 a + bj 或者 complex(a,b) 来表示。复数的实数部分 a 和虚数部分 b 都是浮点数；j 表示 -1 的平方根（这是一个虚数），虚数部分必须有后缀 j 或 J。例如，32.124+6j、0-34.5J。

2.2.2 布尔类型

布尔类型的数据即布尔数（bool），其值只有 True 和 False，分别表示逻辑真和逻辑假。Python 中除了 0 可以表示 False，其他所有的空值都会被认为是 False，包括 None。

注意：在 Python 2.x 中是没有布尔数的，它用数字 0 表示 False，用 1 表示 True；Python 3.x 把 True 和 False 定义为关键字，它们分别对应 1 和 0，可以和数字进行加法运算。

2.2.3 数据类型转换

Python 中提供了一系列转换数据类型的函数，可以将目标数据转换为指定类型的数据。其中，用于转换数据类型的函数有 int() 函数、float() 函数、complex() 函数。数据类型转换函数如表 2-1 所示。

表 2-1 数据类型转换函数

函数	说明
int(x)	将 x 转换为整数
float(x)	将 x 转换为浮点数
complex(x)	将 x 转换为复数

其中，在将浮点数转换为整数时只保留整数部分，示例代码如下：

```
int_num = 5
float_num = 5.2
print(int(float_num))           # 将浮点数转换为整数
print(complex(float_num))       # 将浮点数转换为复数
print(float(int_num))           # 将整数转换为浮点数
```

运行结果如下：

```
5
(5.2+0j)
5.0
```

2.3 组合数据类型

组合数据类型是指将多个数据类型组织起来的数据类型。根据数据组织方式的不同，Python 中的组合数据类型分为序列类型、集合类型和字典类型。

序列类型存储一组排列有序的元素。元素的类型可以不同，并且可以通过索引获取序列中的指定元素。序列类型包括字符串、列表和元组。

集合类型同样存储一组数据，但要求其中的数据必须唯一。

字典类型中存储的每个元素都是一个键-值对，通过键可以快速获取其对应的值。

2.3.1 字符串类型

Python 中可以使用单引号 " ' " 或者双引号 " " " 来创建字符串。需要注意的是，引号必须是成对出现的，示例代码如下：

```
>>> print('Hello Python')
Hello Python
>>> print("Hello Python")
Hello Python
>>> print('Hello Python")
SyntaxError: EOL while scanning string literal
```

Python 中的数据类型没有字符，只有字符串。单个字符在 Python 中也需要被当作字符串使用。

1. 转义字符

根据前文可知，字符串在 Python 中是需要使用单引号或者双引号来创建的。当字符串中的内容需要出现单引号或者双引号时，处理方法有两种。

第一种方法为交叉使用，例如，在创建字符串时使用单引号，在所创建的字符串的中间使用双引号；或者在创建字符串时使用双引号，在所创建的字符串的中间使用单引号，示例代码如下：

```
>>> print("let's go!")
let's go!
>>> print('Thomas A.Edison: "Genius is one per cent inspiration and ninety-nine per cent perspiration." ')
Thomas A.Edison: "Genius is one per cent inspiration and ninety-nine per cent perspiration."
```

第二种方法为使用转义字符 "\"（反斜杠）来对字符串之间的引号进行转义。常用的转义字符如表 2-2 所示。

表 2-2 常用的转义字符

转义字符	说明	转义字符	说明
\（在行尾）	续行符	\n	换行符
\\	反斜杠	\r	回车符
\'	单引号	\t	横向制表符
\"	双引号	\v	纵向制表符
\a	响铃	\o	八进制整数
\b	退格符	\x	十六进制整数
\f	换页符	\0	空字符

示例代码如下：

```
>>> print("Are you ok? \
Yes, I\'m fine")                          # 续行符
Are you ok? Yes, I'm fine
>>> print('Are you ok? \n yes,I\'m fine')    # 换行符
Are you ok?
```

```
yes,I'm fine
>>> print('\\\n\\')
\
\
>>> print('\\\t\\')
\    \
```

为避免代码中出现大量的"\"，Python 可以使用原始字符串，在字符串前面添加一个字母 r。这样一来，在字符串内部的特殊符号默认不被转义，示例代码如下：

```
>>> print(r'\n')
\n
```

当字符串内部行数很多时，使用"\n"将字符串写在一行会不方便阅读。为了简化，Python 允许使用三引号来表示多行内容。需要注意的是，三引号也必须是成对出现的，示例代码如下：

```
>>> print('''line1
... line2
... line3''')

line1
line2
line3
```

2. 格式化

为了纠正和规范字符串输出的格式，Python 支持格式化字符串的输出，并提供了两种方法来对字符串进行格式化。

1）格式化操作符

常见的格式化操作符如表 2-3 所示。

表 2-3 常见的格式化操作符

操作符	说明
%c	格式化字符及其 ASCII 编码
%s	格式化字符串
%d	格式化整数
%u	格式化无符号的整数
%o	格式化无符号的八进制整数
%x	格式化无符号的十六进制整数，表示为 0~9, a~f
%X	作用同 %x，格式化无符号的十六进制整数，表示为 0~9, A~F
%f	格式化浮点数，可指定小数点后的位数
%e	用科学记数法格式化浮点数，基底为 e，如 2e-15
%E	作用同 %e，用科学记数法格式化浮点数，基底为 E，如 2E-15
%g	根据值的大小决定是使用 %f 还是 %e
%G	作用同 %g，根据值的大小决定是使用 %F 还是 %E

Python 还提供了格式化操作符的辅助指令，如表 2-4 所示。

表 2-4　格式化操作符的辅助指令

辅助指令	说明
*	定义宽度或者小数点后的精度
-	结果左对齐
+	在正数前面显示加号
<sp>	在正数前面显示空格
#	在八进制整数前面显示"0"，在十六进制整数前面显示"0x"或者"0X"
0	在显示的数字前面填充"0"而不是默认的空格
%	"%%"输出一个单一的"%"
m.n	m 表示显示的最小总宽度，n 表示小数点后的位数

示例代码如下：

```
>>> '%c%c%c%c%c%c' % (80, 121, 116, 104, 111, 110)
'Python'
>>> print('My %s is %d' % ('age', 18))
My age is 18
>>> '%05d' % 1                    # 长度为 5，在数字前面填充 "0"
'00001'
>>> '%.2f' % 3.1415926             # 浮点数，保留两位小数
'3.14'
>>> '%e' % 0.0000000005            # 科学记数法
'5.000000e-10'
>>> '% # o' % 100                 # 100 的八进制整数，在八进制整数前面显示 "0"
' 0o144'
```

2）format() 方法

相对于采用格式化操作符的方法，format() 方法的功能更加强大，该方法把字符串当作模板，通过传入的参数进行格式化，使用"{}"代替了格式化操作符，语法格式如下：

<模板字符串>.format(<逗号分隔的参数>)

使用 format() 方法格式化字符串，示例代码如下：

```
>>> print('{} love {}'.format('I', 'Python'))
I love Python
>>> print('{0} love {1}'.format('I', 'Python'))        # 位置参数
I love Python
>>> print('{a} love {b}'.format(a = 'I', b = 'Python'))  # 关键字参数
I love Python
>>> print('{0} love {a}'.format('I', a = 'Python'))     # 位置参数和关键字参数混合使用
I love Python
```

其中，{0} 和 {1} 被称为"位置参数"，{a} 和 {b} 被称为"关键字参数"。Python 允许位置参数和关键字参数混合使用，但位置参数必须在关键字参数的前面，否则会报错，示例代码如下：

```
>>> print('{0} love {a}'.format(a = 'Python', 'I'))
SyntaxError: positional argument follows keyword argument
```

format() 方法中模板字符串的槽除了包括参数序号，还可以包括格式控制标记。此时，槽的内部样式为 {<参数序号>:<格式控制标记>}。其中，格式控制标记用来控制参数显示时的格式。格式控制标记的字段包括":""<填充>""<对齐>""<宽度>"",""<精度>""<类型>"，如表 2-5 所示。

表 2-5 格式控制标记的字段

:	<填充>	<对齐>	<宽度>	,	<.精度>	<类型>
引导符号	用于填充的单个字符	< 左对齐 > 右对齐 ^ 居中对齐	设定的槽的输出宽度	数字的千位分隔符	浮点数中小数部分的精度或字符串的最大输出长度	整数类型：b、c、d、o、x、X 浮点数类型：e、E、f、%

使用 format() 方法中的格式控制标记，示例代码如下：

```
print("{:*^30,.2f}".format(123456.1235))
# 使用"*"填充，居中对齐，宽度为 30，千位分隔符
# 保留小数点后两位，输出标准的浮点数
s = "一年有："
a = 365.0000
b = "天"
print("{0:*>8}{1:,.1f}{2:*<5}".format(s,a,b))
```

运行结果如下：

```
**********123,456.12**********
**** 一年有：365.0 天 ****
```

3. 字符串的运算

在 Python 中，可使用运算符"+""*"对字符串进行运算。"+"用于将两个字符串连接，"*"用于将字符串重复 n 次，示例代码如下：

```
>>> str1 = "abc"
>>> str2 = "def"
>>> str1+str2              #将字符串 str1 和 str2 连接
'abcdef'
>>> str1*3                 #将字符串 str1 重复 3 次
'abcabcabc'
```

4. 字符串内置函数和常用方法

Python 中提供了一些字符串内置函数，用来操作字符串。常用的字符串内置函数如表 2-6 所示。

表 2-6 常用的字符串内置函数

函数	说明
len(sub)	计算字符串的长度。在 Python 中，计算字符串的长度时，无论是一个英文字母、一个数字还是一个汉字，都按一个字符计算
max(sub)	获取字符串中编码值最大的字符
min(sub)	获取字符串中编码值最小的字符

使用内置函数操作字符串，示例代码如下：
```
>>> len('Python')
6
>>> len(' 人生苦短，我用 Python!')
14
>>> max('Python')
y
>>> min('Python')
P
```
除了使用内置函数，Python 还提供了很多有用的方法来操作字符串。这些方法可以用于字符串的查找、替换、切割、连接，以及大小写转换等操作。常用的字符串方法如表 2-7 所示。

表 2-7 常用的字符串方法

方法	说明
capitalize()	将字符串中的首字母转换为大写，其余字母转换为小写
lower()	将字符串中的大写字母转换为小写
upper()	将字符串中的小写字母转换为大写
title()	返回标题化的字符串，所有单词的首字母都是大写的，其他字母是小写的
count(sub[, start[, end]])	统计 sub 在字符串中出现的次数，start 和 end 是可选参数，表示范围
center(width[, fillchar])	将字符串放在规定 width 的槽内，并用 fillchar（可选参数）进行填充，默认用空格进行填充
endswith(suffix[, start[, end]])	返回布尔值，判断字符串是否以指定的 suffix 结尾，start 和 end 是可选参数，表示范围
find(sub[, start[, end]])	查找是否包含指定的 sub，如果存在，则返回索引下标，否则返回 −1
index(sub[, start[, end]])	与 find() 方法的功能类似，区别在于如果不存在则会抛出异常
isdigit()	如果字符串中只包含数字，则返回 True，否则返回 False
islower()	如果字符串中包含区分大小写的字符，且这些字符均是小写的，则返回 True，否则返回 False
join(sub)	以字符串为分隔符，插入 sub 中的所有字符之间
len(sub)	计算字符串的长度
replace(old, new[, count])	把字符串中的旧字符串替换为新字符串，其中 count 是可选参数，指最大替换次数
split(sep=None, maxsplit=−1)	如果不加空格，则使用空格进行切片，返回切片后由子字符串拼接的列表，maxsplit 表示切片后字符串的数量
strip([chars])	删除字符串左边和右边的所有空格，chars 是可选参数，可以指定要删除的字符
lstrip([chars]) 或 rstrip([chars]):	删除字符串左边或右边的空格，chars 可以指定要删除的字符

（1）使用 capitalize() 方法、lower() 方法、upper() 方法、title() 方法操作字符串，示例代码如下：
```
>>> str1 = 'I love Python!'
>>> str1.capitalize()
'I love python!'
>>> str1.lower()
```

```
'i love python!'
>>> str1.upper()
'I LOVE PYTHON!'
>>> str1.title()
'I Love Python!'
```

（2）使用 count(sub[, start[, end]]) 方法操作字符串，示例代码如下：

```
>>> s = 'Python is good!'
>>> s.count('o')
3
```

（3）使用 center(width[, fillchar]) 方法操作字符串，示例代码如下：

```
>>> name = 'ace'
>>> name.center(8,'*')
'**ace***'
```

（4）使用 endswith(suffix[, start[, end]]) 方法操作字符串，示例代码如下：

```
>>> name = 'ace'
>>> name.endswith('a')
False
>>> name.endswith('e')
True
```

（5）使用 find(sub[, start[, end]]) 方法操作字符串，示例代码如下：

```
>>> s = 'i love Python'
>>> s.find('l')
2
>>> s.find('o')              # 显示第一次出现 o 的位置
3
>>> s.find('o',4)            # 从索引下标为 4 的位置开始查找
11
```

（6）使用 index(sub[, start[, end]]) 方法操作字符串，示例代码如下：

```
>>> s = 'i love Python'
>>> s.index('i')
0
>>> s.index('p')
7
>>> s.index('a')             # 元素不存在将报错
Traceback (most recent call last):
  File "<pyshell#93>", line 1, in <module>
    s.index('a')
ValueError: substring not found
```

（7）使用 isdigit() 方法操作字符串，示例代码如下：

```
>>> '12345'.isdigit()
True
>>> 'Python'.isdigit()
False
```

（8）使用 islower() 方法操作字符串，示例代码如下：
```
>>> '12345'.islower()
False
>>> 'Python'.islower()
False
>>> 'Python'.islower()
True
```
（9）使用 join(sub) 方法操作字符串，示例代码如下：
```
>>> '_'.join('Python')
'P_y_t_h_o_n'
```
或者
```
>>> 'P' + '_' + 'y' + '_' + 't' + '_' + 'h' + '_' + 'o' + '_' + 'n'
'P_y_t_h_o_n'
```
这种方法又被称为"字符串的连接"，这里的"+"被称为"连接符号"，但这种方法的效率非常低，因为使用"+"进行连接会导致内存复制及垃圾回收，所以更推荐使用 join() 方法来连接字符串。

（10）使用 replace(old, new[, count]) 方法操作字符串，示例代码如下：
```
>>> 'P p P p P p'.replace('p', 'q')
'P q P q P q'
```
（11）使用 split(sep=None, maxsplit=-1) 方法操作字符串，示例代码如下：
```
>>> ' 人生苦短，我用 Python!'.split(',')
[' 人生苦短', ' 我用 Python!']
```
（12）使用 strip([chars]) 方法、lstrip([chars]) 方法或 rstrip([chars]) 方法操作字符串，示例代码如下：
```
>>> ' P y t h o n '.strip()
'P y t h o n'
>>> ' P y t h o n '.lstrip()
'P y t h o n '
>>> ' P y t h o n '.rstrip()
' P y t h o n'
```
注意：字符串还有很多其他的内置函数，详见官方文档。

【补充说明】函数与方法的区别。

函数封装了一些独立的功能，可以直接调用，将一些数据（参数）传递进去进行处理，之后返回一些数据（返回值），也可以没有返回值。函数可以直接在模块中进行定义与调用。所有传递给函数的数据都是显式传递的。

方法和函数类似，同样封装了独立的功能，但是方法只能依靠类或者对象来调用，表示针对性的操作。

简单而言，函数在 Python 中独立存在，可直接被调用，而方法则是必须被类或对象调用才能实现的。

2.3.2 列表类型

列表（list）是 Python 中通用的组合数据类型，使用"[ ]"标识，数据之间使用","分隔。

列表可以完成大多数集合类的数据结构实现，它支持字符、数字、字符串，甚至可以包含列表（所谓"嵌套"），也可以创建一个空列表，示例代码如下：

```
>>> list1 = [ 'abcd', 123 , 3.45, 'Ace', 88.8, [1, 2, 3, 4]]
>>> list1
['abcd', 123, 3.45, 'Ace', 88.8, [1, 2, 3, 4]]
>>> empty = []
>>> empty
[]
```

1. 列表的操作

对于序列类型，可以通过索引（指定下标）来访问列表中的元素，也可以通过"[ ]"来截取列表，这种访问列表中的元素的方式被称为"列表分片"。

1）访问列表中的元素

通过索引下标访问列表中的元素。需要注意的是，按照从左到右的顺序，索引下标默认从 0 开始，依次递增；而按照从右到左的顺序，索引下标则默认从 -1 开始，依次递减。列表 list1 的索引下标如图 2-3 所示（list1= [1, 2, 3, 'a', 'b', 'c']）。

列表	1	2	3	a	b	c
从左到右索引下标	0	1	2	3	4	5
从右到左索引下标	-6	-5	-4	-3	-2	-1

◎ 图 2-3 列表 list1 的索引下标

如果想要获取列表中的元素 1，则可以执行 list1[0] 语句或 list1[-6] 语句，当索引下标超过范围时会报错，示例代码如下：

```
>>> list1 = [ 'abcd', 123 , 3.45, 'Ace', 88.8, [1, 2, 3, 4]]
>>> list1
['abcd', 123, 3.45, 'Ace', 88.8, [1, 2, 3, 4]]
>>> list1[5]          # 获取索引下标为 5 的元素
[1, 2, 3, 4]
>>> list1[-3]         # 获取索引下标为 -3 的元素
'Ace'
>>> list1[10]         # 当索引下标超过范围时会报错
Traceback (most recent call last):
  File "<stdin>", line 1, in <module>
IndexError: list index out of range
```

2）列表分片

列表分片是通过两个索引下标确定一个位置范围，并返回这个范围内的所有元素，语法格式如下：

```
<序列类型 >[<start>:<end>:<step>]
```

start 和 end 的值都是整数，子序列从索引下标为 start 的位置开始，到索引下标为 end 的位置结束，但不包括 end 位置的元素。

start 的默认值为 0，end 的默认值为序列中最后一个元素的索引下标。如果 end 的值超过了最后一个元素的索引下标，则最多获取到最后一个元素。

step 为步长，默认值为 1，不能为 0。如果 step 的值为正数，则按正方向（从左到右）变化；如果 step 的值为负数，则按负方向（从右到左）变化，示例代码如下：

```
>>> list1 = [1,2,3,4,5,6,7,8,9,0]
>>> list1[1:5]            # 索引下标为 1~5，步长为 1
[2, 3, 4, 5]
>>> list1[1:5:2]          # 索引下标为 1~5，步长为 2
[2, 4]
>>> list1[5:1:-2]         # 反向获取
[6, 4]
>>> list1[-1:-5:-2]       # 负数索引
[0, 8]
>>> list1[0:]             # 不指定 end，到最后一个元素结束
[1, 2, 3, 4, 5, 6, 7, 8, 9, 0]
>>> list1[:-3]            # 不指定 start，从索引下标为 0 的位置开始
[1, 2, 3, 4, 5, 6, 7]
>>> list1[2:-2]           # 正数索引与负数索引结合
[3, 4, 5, 6, 7, 8]
>>> list1[1:20]           # end 超过了最后一个元素的索引下标，最多获取到最后一个元素
[2, 3, 4, 5, 6, 7, 8, 9, 0]
>>> list1[::-1]           # 将列表中的元素翻转
[0, 9, 8, 7, 6, 5, 4, 3, 2, 1]
```

2. 列表的内置函数与方法

Python 中提供了很多对列表进行操作的内置函数与方法，常用的列表内置函数如表 2-8 所示。

表 2-8 常用的列表内置函数

函数	功能描述
len(list)	返回列表的长度
max(list)/ min(list)	返回列表中的最大值 / 最小值
reversed(list)	将列表元素翻转
sorted(list, key=None, reverse=False)	对原列表进行排序，reverse 的默认值为 False，默认从小到大输出，当 reverse 的值为 True 时，表示从大到小输出
sum(list)	返回列表中所有元素的和
list(seq)	将序列类型转化为列表
type(obj)	查看参数的数据类型

（1）使用 len() 函数、max() 函数、min() 函数、sum() 函数操作列表，示例代码如下：

```
>>> list1 = [1, 2, 3, 4, 5, 6]
>>> len(list1)
6
>>> max(list1)
6
>>> min(list1)
1
```

```
>>> sum(list1)
21
```

(2)使用 list() 函数、type() 函数操作列表,示例代码如下:

```
>>> list('Python')
['P', 'y', 't', 'h', 'o', 'n']
>>> type('Python')
<class 'string'>
>>> type([1, 2, 3, 4, 5, 6])
<class 'list'>
```

(3)使用 reversed() 函数、sorted() 函数操作列表,示例代码如下:

```
>>> list(reversed(list1))
[6, 5, 4, 3, 2, 1]
>>> list2= [2,4,3,6,8]
>>> sorted(list2)
[2, 3, 4, 6, 8]
>>> sorted(list2,reverse=True)
[8, 6, 4, 3, 2]
```

除了可以直接使用内置函数,Python 还提供了很多有用的方法来操作和处理列表。常用的列表方法如表 2-9 所示。

表 2-9 常用的列表方法

方法	说明
append()	在列表中添加元素
extend()	将一个列表中的所有元素添加到另一个列表的末尾
insert(index, obj)	在列表中的指定位置插入元素。index 表示要插入的位置;obj 表示要插入的具体元素
remove()	删除元素,不需要知道元素的位置,如果元素不存在,则报错
pop()	默认返回最后一个元素,也可以通过索引来指定所返回的元素所在的位置
count(obj)	统计某个元素在列表中出现的次数
reverse()	将列表中的元素翻转
sort(key=None, reverse=False)	对列表中的元素进行排序。reverse 的默认值为 False,表示按照从小到大的顺序输出列表中的元素。如果 reverse 的值为 True,则表示按照从大到小的顺序输出元素

(1)使用 append() 方法、extend() 方法、insert(index, obj) 方法操作列表,示例代码如下:

```
>>> list1 = [ 'abcd', 123 , 3.45, 'Ace', 88.8, [1, 2, 3, 4]]
>>> list1.append('obj1')
>>> list1
['abcd', 123, 3.45, 'Ace', 88.8, [1, 2, 3, 4], 'obj1']
>>> list1.extend(['obj2'])   # extend() 方法中的参数是一个列表,否则会报错
>>> list1
['abcd', 123, 3.45, 'Ace', 88.8, [1, 2, 3, 4], 'obj1', 'obj2']
>>> list1.insert(0, 'obj3')
>>> list1
['obj3', 'abcd', 123, 3.45, 'Ace', 88.8, [1, 2, 3, 4], 'obj1', 'obj2']
```

（2）使用 remove() 方法操作列表，示例代码如下：
```
>>> list1.remove('obj1')
>>> list1
['obj3', 'abcd', 123, 3.45, 'Ace', 88.8, [1, 2, 3, 4], 'obj2']
>>> list1.remove('obj4')
Traceback (most recent call last):
  File "<pyshell#61>", line 1, in <module>
    list1.remove('obj4')
ValueError: list.remove(x): x not in list
```
（3）使用 pop() 方法操作列表，示例代码如下：
```
>>> list1.pop()
'obj2'
>>> list1
['abcd', 123, 3.45, 'Ace', 88.8, [1, 2, 3, 4]]
>>> list1.pop(0)
'abcd'
>>> list1
[123, 3.45, 'Ace', 88.8, [1, 2, 3, 4]]
```
（4）使用 count(obj) 方法、reverse() 方法、sort(key=None, reverse=False) 方法操作列表，示例代码如下：
```
>>> list3 = [0, 1, 0, 2, 0, 3]
>>> list3.count(0)
3
>>> list3.reverse()
>>> list3
[3, 0, 2, 0, 1, 0]
>>> list3[::-1]
[0, 1, 0, 2, 0, 3]
>>> list3.sort()
>>> list3
[0, 0, 0, 1, 2, 3]
>>> list4 = [(2, 6), (4, 3), (6, 4), (9, 1)]
>>> list4.sort(key = lambda x:x[1]-x[0])
>>> list4
[(9, 1), (6, 4), (4, 3), (2, 6)]
```

这里的 lambda 是匿名函数，可以简化函数的书写形式，使代码更加简单。lambda x:x[1]-x[0] 等同于输入为 x=(x[0], x[1])，对其进行 x[1]-x[0] 运算，例如，x=(2, 6)，对其进行 x[1]-x[0] 运算即 6-2，可以得到值为 4。

sorted() 函数与 sort() 方法相似，它们的不同之处在于 sort() 方法只能用于在原列表上对元素进行排序，没有返回值；而 sorted() 是内置函数，可以对所有可迭代对象进行排序，同时返回新列表，原列表不变，示例代码如下：
```
>>> list3 = [0, 1, 0, 2, 0, 3]
>>> list3.sort()
>>> list3                    # 在原列表上对元素进行排序
```

```
[0, 0, 0, 1, 2, 3]
>>> list3 = [0, 1, 0, 2, 0, 3]
>>> sorted(list3)
[0, 0, 0, 1, 2, 3]
>>> list3                        #返回新列表,原列表不变
[0, 1, 0, 2, 0, 3]
>>> sorted((0, 1, 0, 2, 0, 3))   #在元组上对元素进行排序
[0, 0, 0, 1, 2, 3]
```

2.3.3 元组类型

元组(tuple)使用"()"标识,内部元素使用","分隔。与列表类似,元组可以存储字符、数字、字符串、列表、元组等任意数据类型。二者的区别在于元组用于存储不可变序列,不可单独修改其中的元素,而列表则可以随意修改,示例代码如下:

```
>>> tuple1 = ( 'abcd', 123 , 3.45, 'Ace', 88.8)
>>> tuple1            #输出完整元组
('abcd', 123, 3.45, 'Ace', 88.8)
>>> tuple1[0]         #输出元组中的第一个元素
'abcd'
```

据此可知,元组和列表十分相似,但是需要注意,强行修改元组中的元素会报错,示例代码如下:

```
>>> tuple1[0] = 1
Traceback (most recent call last):
  File "<pyshell#6>", line 1, in <module>
    tuple1[0] = 1
TypeError: 'tuple' object does not support item assignment
```

另外,如果需要创建一个只包含一个元素的元组,则在定义元组时,需要在元素的后面添加一个",",否则所定义的内容不会被当作元组,示例代码如下:

```
>>> tuple2 = ('0')
>>> type(tuple2)
<class 'str'>
>>> tuple3 = (1)
>>> type(tuple3)
<class 'int'>
>>> tuple4 = ('0',)
>>> type(tuple4)
<class 'tuple'>
```

同样地,可以创建空元组,示例代码如下:

```
>>> empty = ()
>>> type(empty)
<class 'tuple'>
```

可以通过 del 语句删除元组,示例代码如下:

```
>>> tuple4 = ('0', 1)
>>> del tuple4
```

```
>>> tuple4
Traceback (most recent call last):
  File "<pyshell#27>", line 1, in <module>
    tuple4
NameError: name 'tuple4' is not defined
```

虽然元组是不可变序列，不可以对其中的单个元素进行修改，但是可以对其进行重新赋值，示例代码如下：

```
>>> tuple5 = (1, 2, '3', 4)
>>> tuple5 = tuple5 + (5, )
>>> tuple5
(1, 2, '3', 4, 5)
```

2.3.4 集合类型

集合（set）是一个由无序、不重复的元素组成的序列。集合常常用于成员关系测试和删除重复元素。可以使用"{}"或者 set() 函数创建集合，元素之间使用","分隔。

set(iteration) 函数用于创建一个无序、不重复的元素集，可进行关系测试，删除重复元素，以及计算交集、差集、并集等。其中，iteration 表示可迭代对象，示例代码如下：

```
>>> number = {0, 1, 1, 2, 3, '4', '4', 5, 5, 5}    # 重复元素被自动删除
>>> number
{0, 1, 2, 3, 5, '4'}
>>> number1 = set([0, 1, 1, 2, 3, '4', '4', 5, 5, 5])
>>> number1
{0, 1, 2, 3, 5, '4'}
```

注意：创建一个空集合，只能使用 set() 函数来实现，不能使用"{}"来实现。在 Python 中，"{}"用来创建一个空字典，示例代码如下：

```
>>> set2 = set()          # 创建空集合
>>> type(set2)
<class 'set'>
>>> dict1 = {}            # 创建空字典
>>> type(dict1)
<class 'dict'>
```

需要注意的是，集合是无序的，在将其转换为列表后，不能保证和转换之前的顺序相同。例如，number1 中的字符串 '4' 和数字 5 的顺序就发生了改变。另外，无法通过索引下标对集合中的元素进行访问，但是可以通过迭代将集合中的元素读取出来，示例代码如下：

```
>>> for i in number1:
        print(i, end=' ')   # end 表示以什么符号结尾，默认为换行符
0 1 2 3 5 4
```

1. 添加与删除元素

可以通过 add() 函数为集合添加元素，通过 remove() 函数从集合中删除已知的元素，示例代码如下：

```
>>> number1 = {0, 1, 2, 3, 5, '4'}
>>> number1.add('6')
```

```
>>> number1
{0, 1, 2, 3, 5, '4', '6'}
>>> number1.remove('6')
>>> number1
{0, 1, 2, 3, 5, '4'}
```

2. 集合运算

集合运算主要包括差集、并集、交集和补集，且其逻辑操作与数学定义相同。集合运算示意如图 2-4 所示。

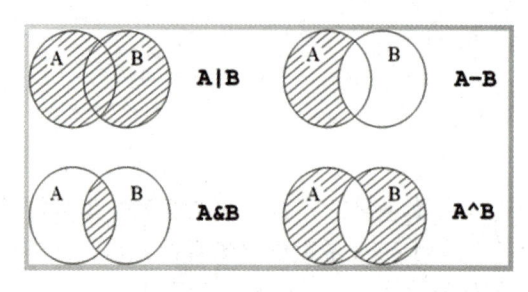

◎ 图 2-4 集合运算示意

示例代码如下：

```
>>> a = {1, 2, 3, 4, 5}
>>> b = {0, 2, 4, 6}
>>> a – b        # a 和 b 的差集
{1, 3, 5}
>>> a | b        # a 和 b 的并集
{0, 1, 2, 3, 4, 5, 6}
>>> a & b        # a 和 b 的交集
{2, 4}
>>> a ^ b        # a 和 b 的补集
{0, 1, 3, 5, 6}
```

2.3.5 字典类型

字典（dictionary）是 Python 中另一个非常有用的数据类型。列表是有序的对象集合，字典是无序的对象集合。两者之间的区别在于：字典中的元素是通过键来存储与读取的，而不是通过索引下标来存储与读取的。

字典是一种映射类型，用"{}"标识，它是一个无序的键-值对集合，字典中的每个键-值对之间使用","分隔，键和值之间使用":"分隔。其中，值可以是任意数据类型，但是键必须使用不可变类型。在一个字典中，键必须是唯一的。

1. 字典的创建

字典可以通过"{}"或者 dict() 函数进行创建。

（1）使用"{}"创建字典，示例代码如下：

```
>>> dict1 = {'math':98, 'english':99, 'chinese':97}
>>> dict1
{'math': 98, 'english': 99, 'chinese': 97}
```

也可以将"{}"和 dict() 函数结合使用来创建字典,示例代码如下:

```
>>> dict2 = dict({'math':98, 'english':99, 'chinese':97})
>>> dict2
{'math': 98, 'english': 99, 'chinese': 97}
```

(2)使用 dict(键 = 值) 函数创建字典。需要注意的是,键中的字符串不能加引号,否则会报错,示例代码如下:

```
>>> dict3 = dict(math = 98, english = 99, chinese = 97)
>>> dict3
{'math': 98, 'english': 99, 'chinese': 97}
>>> dict3 = dict('math' = 98, 'english' = 99, 'chinese' = 97)
SyntaxError: keyword can't be an expression
```

(3)使用 dict(可迭代对象) 函数创建字典。因为 dict() 函数中的参数只能是一个可迭代对象,所以需要将其打包成具有映射关系的元组或列表,示例代码如下:

```
>>> dict4 = dict((('math', 98), ('english', 99), ('chinese', 97)))
>>> dict4
{'math': 98, 'english': 99, 'chinese': 97}
>>> dict5 = dict([('math', 98), ('english', 99), ('chinese', 97)])
>>> dict5
{'math': 98, 'english': 99, 'chinese': 97}
```

(4)使用 dict(zip()) 函数创建字典。这里的 zip() 函数将可迭代对象作为参数,将可迭代对象中对应的元素打包成多个元组,并返回由这些元组构成的列表,示例代码如下:

```
>>> dict6 = dict(zip(['math', 'english', 'chinese'], [98, 99, 97]))
>>> dict6
{'math': 98, 'english': 99, 'chinese': 97}
```

当字典中存在键时,可以修改与键对应的值。如果字典中不存在键,则需要新建一个键并为其赋值,示例代码如下:

```
>>> dict6 = {'math': 98, 'english': 99, 'chinese': 97}
>>> dict6['biology'] = 100
>>> dict6
{'math': 98, 'english': 99, 'chinese': 97, 'biology': 100}
```

2. 字典的常用方法

Python 同样提供了很多方法来操作字典,字典的常用方法如表 2-10 所示。

表 2-10 字典的常用方法

方法	说明
keys()	返回字典中的所有键
values()	返回字典中的所有值
items()	返回字典中的所有键-值对
get()	返回指定键的值,当键不存在时,不报错,返回 default,默认值为 None
setdefault()	与 get() 方法类似,但是当字典中没有对应的键时,该方法会进行键的自动添加
update()	更新字典
clear()	清空字典

续表

方法	说明
copy()	复制字典
pop()	返回与给定键对应的值
popitem()	返回并删除字典中最后的键-值对。如果字典为空,却调用了此方法,则抛出 KeyError 异常

（1）使用 keys() 方法、values() 方法、items() 方法操作字典,示例代码如下:

```
>>> dict1 = {'math': 98, 'english': 99, 'chinese': 97}
>>> dict1.keys()
dict_keys(['math', 'english', 'chinese'])
>>> dict1.values()
dict_values([98, 99, 97])
>>> dict1.items()
dict_items([('math', 98), ('english', 99), ('chinese', 97)])
```

（2）使用 get(key, default=None) 方法操作字典。

字典是无序的,无法通过索引下标来读取字典中的元素,只能通过键来读取,但当键不存在时,会报错,示例代码如下:

```
>>> dict1 = {'math': 98, 'english': 99, 'chinese': 97}
>>> dict1['math']
98
>>> dict1['biology']
Traceback (most recent call last):
  File "<pyshell#2>", line 1, in <module>
    dict1['biology']
KeyError: 'biology'
```

为避免当键不存在时,读取字典会报错,Python 提供了 get() 方法来访问字典,示例代码如下:

```
>>>dict1 = {'math': 98, 'english': 99, 'chinese': 97}
>>> dict1.get('math')
98
>>> dict1.get('biology')
```

（3）使用 setdefault() 方法操作字典,示例代码如下:

```
>>> dict1 = {'math': 98, 'english': 99, 'chinese': 97}
>>> dict1.setdefault('math')
98
>>> dict1.setdefault('biology')
>>> dict1
{'math': 98, 'english': 99, 'chinese': 97, 'biology': None}
```

（4）使用 update() 方法操作字典,示例代码如下:

```
>>> dict1 = {'math': 98, 'english': 99, 'chinese': 97}
>>> dict1['math'] = 95
>>> dict1
{'math': 95, 'english': 99, 'chinese': 97}
>>> dict1.update(math = 98)
```

```
>>> dict1
{'math': 98, 'english': 99, 'chinese': 97}
```

（5）使用 clear() 方法操作字典，示例代码如下：

```
>>> dict2 = {'math': 98, 'english': 99, 'chinese': 97}
>>> dict2.clear()
>>> dict2
{}
```

（6）使用 copy() 方法操作字典，示例代码如下：

```
>>> dict3 = {'math': 98, 'english': [99, 18], 'chinese': 97}
>>> dict4 = dict3
>>> dict3['biology'] = 100
>>> dict3['english'][0] = 98
>>> dict3
{'math': 98, 'english': [98, 18], 'chinese': 97, 'biology': 100}
>>> dict4
{'math': 98, 'english': [98, 18], 'chinese': 97, 'biology': 100}

>>> dict3 = {'math': 98, 'english': [99, 18], 'chinese': 97}
>>> dict5 = dict3.copy()
>>> dict3['biology'] = 100
>>> dict3['english'][0] = 98
>>> dict3
{'math': 98, 'english': [98, 18], 'chinese': 97, 'biology': 100}
>>> dict5
{'math': 98, 'english': [98, 18], 'chinese': 97}
```

需要注意的是，"="只是将 dict4 指向了 dict3，因此 dict4 会随着 dict3 的变化而变化；dict5 是浅拷贝，一级目录不会随着原数据的变化而变化，而二级目录会随着 dict3 的变化而变化。同理，当清空字典时，建议使用 clear() 方法，最好不要直接将指针指向空字典，因为如果只是将指针指向了空字典，则原数据仍然是存在的。

（7）使用 pop() 方法、popitem() 方法操作字典，示例代码如下：

```
>>> dict1 = {'math': 98, 'english': 99, 'chinese': 97}
>>> dict1.pop('math')
98
>>> dict1
{'english': 99, 'chinese': 97}
>>> dict1.popitem()
('chinese', 97)
>>> dict1.popitem()
('english', 99)
>>> dict1
{}
>>> dict1.popitem()
Traceback (most recent call last):
  File "<pyshell#61>", line 1, in <module>
```

dict1.popitem()
KeyError: 'popitem(): dictionary is empty'

2.4 运算符

2.4.1 算术运算符

Python 中常用的算术运算符如表 2-11 所示。

表 2–11 Python 中常用的算术运算符

运算符	说明	实例
+	进行加法运算	10 + 6 的运算结果是 16
–	进行减法运算	10 – 6 的运算结果是 4
*	进行乘法运算	10 * 6 的运算结果是 60
/	进行除法运算，返回浮点数	10 / 6 的运算结果是 1.6666666666666667
%	进行取余运算	10 % 6 的运算结果是 4
**	进行幂运算	10 ** 6 的运算结果是 1000000
//	进行除法运算，商向下取整，返回整数	10 // 6 的运算结果是 1 -10//6 的运算结果是 -2

在运算时，如果既有整数也有浮点数，则 Python 会把整数转换为浮点数。

当在字符串、列表和元组中使用 "+" 和 "*" 时，"+" 表示进行连接操作，"*" 表示进行重复操作，示例代码如下：

```
>>> str1 = '123'
>>> str2 = '456'
>>> str1 + str2
'123456'
>>> str1 * 2
'123123'
>>> list1 = ['abc', 123, 3.45]
>>> list2 = ['Ace', 'Jack']
>>> list1 + list2
['abc', 123, 3.45, 'Ace', 'Jack']
>>> list1 * 2
['abc', 123, 3.45, 'abc', 123, 3.45]
>>> tuple1 = ('abc', 123, 3.45)
>>> tuple2 = ('Ace', 'Jack')
>>> tuple1 + tuple2
('abc', 123, 3.45, 'Ace', 'Jack')
>>> tuple1 * 2
('abc', 123, 3.45, 'abc', 123, 3.45)
```

2.4.2 赋值运算符

Python 中常用的赋值运算符如表 2-12 所示。

表 2-12 Python 中常用的赋值运算符

运算符	说明	实例
=	进行赋值运算	c = a + b，将 a + b 的值赋值给 c
+=	进行加法赋值运算	b += a，等价于 b = b + a
-=	进行减法赋值运算	c -= a，等价于 c = c - a
*=	进行乘法赋值运算	c *= a，等价于 c = c * a
/=	进行除法赋值运算	c /= a，等价于 c = c / a
%=	进行除法取余赋值运算	c %= a，等价于 c = c % a
**=	进行幂赋值运算	c **= a，等价于 c = c ** a
//=	进行除法取整赋值运算	c //= a，等价于 c = c // a

2.4.3 比较运算符

Python 中常用的比较运算符如表 2-13 所示。

表 2-13 Python 中常用的比较运算符

运算符	说明	实例（a = 5, b = 10）
==	进行等于运算，用于比较两个对象是否相等	a == b，返回 False
!=	进行不等于运算，用于比较两个对象是否不相等	a != b，返回 True
>	进行大于运算，用于比较运算符左侧的对象是否大于运算符右侧的对象	a > b，返回 False
<	进行小于运算，用于比较运算符左侧的对象是否小于运算符右侧的对象	a < b，返回 True
>=	进行大于或等于运算，用于比较运算符左侧的对象是否大于或等于运算符右侧的对象	a >= b，返回 False
<=	进行小于或等于运算，用于比较运算符左侧的对象是否小于或等于运算符右侧的对象	a <= b，返回 True

另外，Python 中的比较运算存在返回 1 或 0 的情况，如果返回 1，则表示结果为真，如果返回 0，则表示结果为假，与布尔类型的返回值 True 和 False 等价。

2.4.4 逻辑运算符

Python 中常用的逻辑运算符如表 2-14 所示。

表 2-14 Python 中常用的逻辑运算符

运算符	说明	实例
and	进行与运算，只有当两个布尔值都为 True 时，运算结果才为 True	True and True，返回 True True and False，返回 False False and True，返回 False False and False，返回 False

续表

运算符	说明	实例
or	进行或运算，只要有一个布尔值为 True，运算结果就是 True	True or True，返回 True True or False，返回 True False or True，返回 True False or False，返回 False
not	进行非运算，把 True 转换为 False，或者把 False 转换为 True。	not True，返回 False not False，返回 True

需要注意的是，可以使用逻辑运算符运算整数，但 Python 中的 and 和 or 是特有的短路运算符。简单来说，只要 and 左侧的布尔值为 False，便会直接短路其后的所有表达式，不再进行运算，直接返回 False，如果到表达式的最后，布尔值一直为 True，则输出最后一个表达式的值。另外，只要 or 左侧的布尔值为 True，也不再进行运算，直接返回第一个布尔值为 True 的表达式的值。

当表达式不是布尔数时，返回的结果将不再是简单的 True 或 Flase。

对于逻辑运算符 or，当表达式不是布尔数时，Python 会进行以下规则的类型转换：如果第一个表达式的值为真（非零、非空、非 None 等），则返回第一个表达式（即原始数据类型）；如果第一个表达式的值为假（零、空、None 等），则返回第二个表达式（即原始数据类型）。

对于逻辑运算符 and，它的通用规则为：如果第一个表达式的值为假（零、空、None 等），则返回第一个表达式。如果第一个表达式的值为真（非零、非空、非 None 等），则返回第二个表达式，示例代码如下：

```
>>> 10 or 20    # 10 为 True，因此不再运算 and 的右侧，直接输出左侧表达式的值
10
>>> 20 or 10
20
>>> 10 and 20   # 一直运算到结束，输出最后一个表达式的值
20
>>> 20 and 10
10
```

2.4.5 位运算符

所有的位运算都需要将数字转换为二进制整数进行计算。Python 中常用的位运算符如表 2-15 所示（以 a = 17，b = 30 为例，将 17 与 30 转换为二进制整数分别为 0001 0001 和 0001 1110）。

表 2-15 Python 中常用的位运算符

运算符	说明	实例
&	进行按位与运算，如果两个对应位置的值都为 1，则该位的值为 1，否则为 0	a & b，运算结果为 16，转换为二进制整数是 0001 0000
|	进行按位或运算，只要对应位置有一个值为 1，则该位的值为 1，否则为 0	a | b，运算结果为 31，转换为二进制整数是 0001 1111

续表

运算符	说明	实例
^	进行按位异或运算，当对应位置的值相异时，该位的值为 1，否则为 0	a ^ b，运算结果为 15，转换为二进制整数是 0000 1111
~	进行按位取反运算，分别计算对应位置的反码和补码，值为该位的补码 +1	~a，运算结果为 -18，转换为二进制整数是 1001 0010，其中第一个 1 表示负数
<<	进行按位左移运算，将数字中的每一位均左移若干位，高位丢弃，低位补 0	a << 2，运算结果为 68，转换为二进制整数是 0100 0100
>>	进行按位右移运算，将">>"左侧数字的各二进制位全部右移若干位	a >> 2，运算结果为 4，转换为二进制整数是 0000 0100

2.4.6　成分运算符

成分运算符可以应用于字符串、列表和元组。Python 中常用的成分运算符如表 2-16 所示（以 list1 = ['abc', 123, 3.45] 为例）。

表 2-16　Python 中常用的成分运算符

运算符	说明	实例
in	如果在指定的序列中找到对应值，则返回 True，否则返回 False	'abc' in list1，返回 True 'Ace' in list1，返回 False
not in	如果在指定的序列中没有找到对应值，则返回 True，否则返回 False	'abc' not in list1，返回 False 'Ace' not in list1，返回 True

2.4.7　运算符的优先级

Python 中运算符的优先级如表 2-17 所示，优先级自上而下依次降低。

表 2-17　Python 中运算符的优先级

运算符	说明
**	指数运算符（最高优先级）
~、+、-	按位取反、正号和负号运算符
*、/、%、//	乘法、除法、取余、除法（商取整）运算符
+、-	加法、减法运算符
>>、<<	按位右移、按位左移运算符
&	按位与运算符
^、|	位运算符
<=、<、>、>=	比较运算符
==、!=	比较运算符
=、%=、/=、//=、-=、+=、*=、**=	赋值运算符

续表

运算符	说明
in、not in	成员运算符
not、and、or	逻辑运算符

案例分析与实现

案例分析

首先使用 input() 函数获取用户的身高和体重信息，然后根据 BMI= 体重 ÷ 身高^2（体重的单位为千克，身高的单位为米）计算并输出该用户的 BMI，最后根据用户的 BMI，输出其胖瘦程度。

案例实现

在 IDLE 中新建一个文件，根据以上案例分析编写程序，代码如下：

```
height = float(input(' 请输入身高（米）：'))
weight = float(input(' 请输入体重（千克）：'))
bmi = weight / height ** 2
print("BMI：", bmi)
if bmi < 18.5:
    print(" 偏瘦 ")
if bmi >= 18.5 and bmi < 24:
    print(" 胖瘦正常 ")
if bmi >= 24:
    print(" 偏胖 ")
```

按 Ctrl+S 快捷键存储文件，将文件名设置为"bmi.py"。按 F5 快捷键运行程序，将打开图形交互窗口，并显示运行结果。此时，输入身高和体重就可以得到用户的 BMI 和胖瘦程度，如图 2-5 所示。

```
============ RESTART: D:/python/程序/bmi.py ============
请输入身高（米）：1.7
请输入体重（千克）：40
BMI： 13.84083044982699
偏瘦
>>>
============ RESTART: D:/python/程序/bmi.py ============
请输入身高（米）：1.7
请输入体重（千克）：60
BMI： 20.761245674740486
胖瘦正常
>>>
============ RESTART: D:/python/程序/bmi.py ============
请输入身高（米）：1.7
请输入体重（千克）：80
BMI： 27.681660899965398
偏胖
```

◎ 图 2-5　输入身高和体重得到用户的 BMI 和胖瘦程度

本章小结

本章讲解了 Python 中的各种数据类型及运算符，通过对 Python 常用的数据类型（数字类型、布尔类型、字符串类型、列表类型、元组类型、集合类型和字典类型等）的介绍，以及对相关数据类型基本运算、内置函数和方法的讲解，可以让学生对 Python 基础知识有一定的了解，并为后续程序控制结构等知识的学习打下基础。

课后训练

一、选择题

1. 以下赋值语句中错误的是（　　）。
   A．a=32　　　　　　　　　　B．c=(eval("2**8"))
   C．x,y = 1,2　　　　　　　　 D．x,y,z = 24
2. 如果 m=12.57432，则 print("|%8.1f|" %m) 语句的运行结果是（　　）。
   A．|12.57432|　　　　　　　　B．|12.6|
   C．|　　12.6|　　　　　　　　D．|　　12.5|
3. 以下不属于 Python 占位符的是（　　）。
   A．%d　　　B．%e　　　C．%E　　　D．%z
4. 以下正确的 Python 字符串是（　　）。
   A．'abc"dd"　　B．'abc"dd'　　C．"abc"dd"　　D．"abc\"dd\""
5. 'ab'*2+'c'*2 语句的运行结果是（　　）。
   A．'ababcc'　　B．'ababc2'　　C．'abcabc'　　D．'aabbcc'
6. 以下语句中运行结果为假的是（　　）。
   A．'36'.isalnum()　　　　　　B．'36'.isdigit()
   C．'36'.islower()　　　　　　 D．'ab'.isalnum()
7. 以下元组定义中错误的是（　　）。
   A．a=()　　　　　　　　　　B．a=(1,)
   C．a=(1)　　　　　　　　　　D．a=('Python',[1,2])
8. Python 不支持的数据类型有（　　）。
   A．char　　B．int　　C．float　　D．list
9. 以下语句中不能创建一个字典的是（　　）。
   A．dict1 = {}　　　　　　　　B．dict3 = {[1,2,3]: "uestc"}
   C．dict2 = { 3 : 5 }　　　　　　D．dict4 = {"abc": "uestc"}
10. 以下选项中属于数字类型的是（　　）。
    A．0　　　B．1.4　　　C．1+2j　　　D．以上都是
11. 已知 x=10，y=3，print(x%y,x**y) 语句的运行结果是（　　）。
    A．1 1000　　B．3 30　　C．3 1000　　D．1 30

二、简答题

1. Python 中的标准数据类型有哪些？哪些可变？哪些不可变？
2. Python 中的"="和"=="分别代表什么意思？有什么区别？
3. 1、1.0、True、'1'、"1"、[1]、(1)、(1,) 分别是什么数据类型？
4. 列表 a=[3,4,2,9,12,6,18,-6]，分别写出以下切片的运行结果。
（1）a[1:6:2]
（2）a[::3]
（3）a[:-1]

三、程序设计题

1. 已知有两个集合：set1 = {1,2,3,5,6} 与 set2 = {2,5,7,8}，分别按以下要求编写程序，并返回程序运行结果。
（1）获取在 set1 中，也在 set2 中的元素。
（2）获取在 set1 中，但不在 set2 中的元素。
（3）获取两个集合中的所有元素。
2. 创建一个列表，包含"Python"、"程序设计"、120、18.5 共 4 个元素。

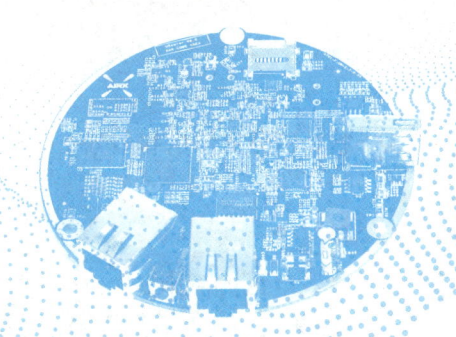

第 3 章

程序控制结构

案例描述

（1）猜数字小游戏。

随机生成一个 1~100 的整数，由用户来猜测这个整数。如果猜测的整数大于该整数，则提示用户"猜大了"；如果猜测的整数小于该整数，则提示用户"猜小了"；如果猜测的整数等于该整数，则提示用户"猜对了"。

（2）逢三过小游戏。

指定报数的次数，并从 1 开始报数，如果遇到 3 的倍数或者包含 3 的数字，则输出"pass"，直到报数的次数达到指定的次数。

知识准备

本章讲述 Python 的流程控制，以及流程控制语句（判断语句、循环语句和跳转语句）的使用。

3.1 流程控制

流程控制，是指在程序运行时，个别的程序指令（或是陈述、子程序）运行或者求值的顺序。程序指令是指会改变程序运行顺序的指令，可能是运行不同位置的指令，也可能是在两段（或多段）程序中选择一个指令来运行。

程序设计语言中的流程控制语句用于设定程序指令运行的顺序，建立程序的逻辑结构。可以说，流程控制语句是整个程序的骨架。

从根本上讲，流程控制只是为了控制程序指令的运行顺序，一般需要与各种条件配合。因此，在各种流程中，会加入条件判断语句。流程控制语句一般有以下 3 个作用。

（1）选择。根据条件跳转到不同的运行序列。

（2）循环。根据条件反复运行某个序列。当然，每一次循环运行的输入、输出都有可能发生变化。

（3）跳转。根据条件返回其他运行序列。

3.2 判断语句

判断语句主要用于进行判断，当程序在运行过程中需要对某个条件进行判断时，只有该条件满足才会执行某段代码。Python 通过判断语句来构建选择结构，选择结构分为单分支结构、双分支结构和多分支结构 3 种基本类型。

3.2.1 if 语句

在 Python 中，if 语句用于实现单分支结构。if 语句的语法格式如下：

if 表达式：
　　语句块

单分支结构如图 3-1 所示。

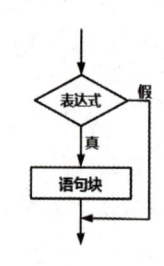

◎ 图 3-1　单分支结构

表达式可以是一个简单的布尔数或者变量，也可以是比较运算或者逻辑运算。如果表达式的值为 True，则执行语句块；如果表达式的值为 False，则什么都不做，示例代码如下：

```
>>> if True:
        print('True')

True
>>> number = 10
>>> if number > 5:
        print('number 大于 5')

number 大于 5
```

3.2.2 if…else 语句

在 Python 中，if…else 语句用于实现双分支结构，如果条件成立则执行某一段代码，否则执行另一段代码。if…else 语句的语法格式如下：

if 表达式：
　　语句块 1
else：
　　语句块 2

双分支结构如图 3-2 所示。

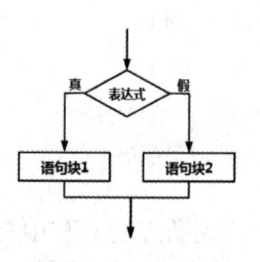

◎ 图 3-2　双分支结构

相较于简单的 if 语句，if…else 语句中多了一个 else 部分，表示与表达式相反的情况，用于执行语句块 2，示例代码如下：

```
age = int(input(" 请输入您的年龄："))
if age >= 18 :
    print(' 您已经成年！ ')
else:
    print(' 您还未成年！ ')
```

3.2.3 if…elif…else 语句

在 Python 中，多分支结构通常用于在多种不同条件下选择其中一段代码执行，可以通过 if…elif…else 语句来实现。if…elif…else 语句的语法格式如下：

```
if 表达式 1:
    语句块 1
elif 表达式 2:
    语句块 2
elif 表达式 3:
    语句块 3
…
else:
    语句块 n
```

多分支结构如图 3-3 所示。

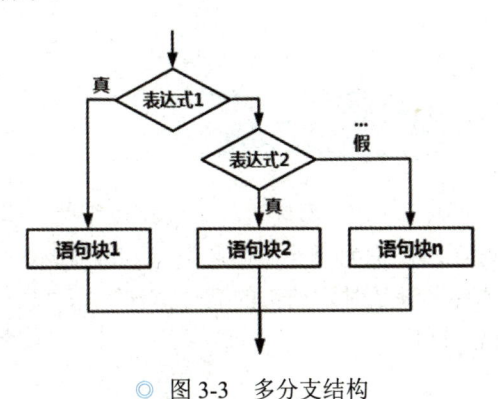

◎ 图 3-3 多分支结构

if…elif…else 语句可以处理满足各种条件的情况。如果多分支结构中表达式 1 的值为真，则执行与表达式 1 对应的语句块 1，并跳过后续的 elif 和 else 部分；如果表达式 1 的值为假，则对表达式 2 进行判断。如果表达式 2 的值为真，则执行与表达式 2 对应的语句块 2；如果表达式 2 的值为假，则对表达式 3 进行判断。以此类推，只有在表达式 n-1 的值也为假时，才会执行 else 部分的语句块 n。注意这里的语句块 1 到语句块 n 有且仅有一个语句块会被执行，示例代码如下：

```
# 成绩 >=90 优秀
# 90> 成绩 >=80 良好
# 80> 成绩 >=70 中
# 70> 成绩 >=60 及格
# 60> 成绩 不及格
```

```
score = float(input(' 请输入成绩：'))
if score>= 90:
    print(' 优秀 ')
elif score>= 80:
    print(' 良好 ')
elif score>= 70:
    print(' 中 ')
elif score>= 60:
    print(' 及格 ')
else:
    print(' 不及格 ')
```

成绩分级程序运行结果如图 3-4 所示。

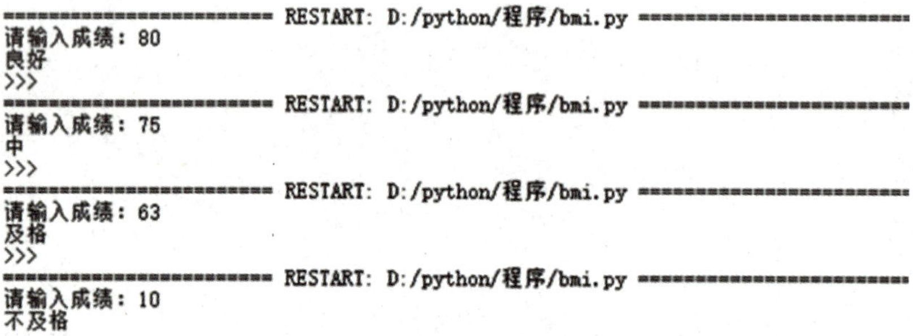

```
================= RESTART: D:/python/程序/bmi.py =================
请输入成绩：80
良好
>>>
================= RESTART: D:/python/程序/bmi.py =================
请输入成绩：75
中
>>>
================= RESTART: D:/python/程序/bmi.py =================
请输入成绩：63
及格
>>>
================= RESTART: D:/python/程序/bmi.py =================
请输入成绩：10
不及格
```

◎ 图 3-4　成绩分级程序运行结果

3.3　循环语句

被反复执行的语句即"循环语句"。循环语句主要有以下两种类型。

（1）重复一定次数的循环，被称为"计次循环"，如 for 循环。

（2）一直重复，直到条件不满足时才结束的循环，被称为"条件循环"。只要条件满足，就会一直循环下去，如 while 循环。

3.3.1　for 循环

for 循环是一个依次、重复执行的循环，语法格式如下：

```
for 迭代变量 in 对象：
    循环体
```

for 和 in 是关键字，语意为针对对象中的每一个元素执行循环体，在循环体中可以使用可迭代对象来访问当前的元素。可迭代对象可以是有序的序列对象，如字符串、列表和元组等，示例代码如下：

```
>>> list = [1,2,3,4,5,6]
>>> for i in list:
    print(i, end=' ')    # end 表示以什么符号结束，默认为换行符
```

```
1 2 3 4 5 6

>>> str1 = 'Python'
>>> for s in str1:
    print(s, end=' ')

P y t h o n
```

在 for 循环中经常会用到 range() 函数,用于创建一个整数序列。

range() 函数的语法格式如下:

range(start , end , step)

range() 函数用于创建一个从 start 开始到 end-1 结束,且间隔为 step 的整数序列。start 和 step 为可选参数,start 的默认值为 0,step 的默认值为 1。

示例代码如下:

```
>>> for i in range(5):
    print(i,end=' ')
0 1 2 3 4
>>> for i in range(2, 10, 2):
    print(i,end=' ')
2 4 6 8
>>> result = 0
>>> for num in range(1,101):
    result += num
>>> print(' 计算 1+2+3+4+...+100 的总和为: ', result)
计算 1+2+3+4+...+100 的总和为:  5050
```

3.3.2　while 循环

while 循环是通过一个条件来控制是否继续反复执行循环体中的语句,语法格式如下:

while 条件表达式:
　　循环体

当条件表达式的值为真时,执行循环体中的语句。在执行结束后,继续判断条件表达式,如果值为真则继续执行循环体中的语句。在执行结束后继续判断,直到条件表达式的值为假,退出循环。

注意:在循环体中一定要修改循环控制变量的值,否则容易导致死循环或无限循环的发生。一旦发生死循环或无限循环,循环将无限执行下去而不会停止,这可能会导致程序无法正常终止、占用大量的系统资源甚至系统崩溃,示例代码如下:

```
count = 0
while count < 5:
    print(count, ' 小于 5')
    count += 1
print(count, ' 大于或等于 5')
```

运行结果如下:

0 小于 5

```
1 小于 5
2 小于 5
3 小于 5
4 小于 5
5 大于或等于 5
```

3.4 跳转语句

在循环语句的执行过程中，有时需要提前结束循环，或者需要在本轮循环还没有执行完毕时进入下一轮循环，此时会用到跳转语句。Python 中的跳转语句有 break 语句和 continue 语句。它们的区别如下。

（1）使用 break 语句将完全终止循环。

（2）使用 continue 语句将直接终止本轮循环，提前进入下一轮循环。

3.4.1 break 语句

break 语句用于完全终止循环，包括 while 循环和 for 循环在内的所有控制语句，语法格式（1）如下：

```
while 条件表达式 1：
    执行代码
    if 条件表达式 2：
        break
```

条件表达式 2 是在整个 while 循环内进行的判断，在循环的过程中，如果条件表达式 2 的值为真，则终止 while 循环，示例代码如下：

```
num = 0
while num <5 :
    print(num)
    num += 1
    if num == 3:    # 当 num 的值为 3 时，终止 while 循环
        break
```

语法格式（2）如下：

```
for 迭代变量 in 对象：
    if 表达式：
        break
```

在 for 循环中，当表达式的值为真时，终止 for 循环，示例代码如下：

```
for i in range(1,5):
    print(i)
    if i == 3:    # 当 i 的值为 3 时，终止 for 循环
        break
```

3.4.2 continue 语句

continue 语句用于直接终止本轮循环，提前进入下一轮循环，语法格式（1）如下：

```
while 条件表达式 1：
    if 条件表达式 2：
        continue
    执行代码
```

在 while 循环中，如果条件表达式 2 的值为真，则终止本轮循环，并进入下一轮循环，示例代码如下：

```
num = 0
while num < 5:
    num += 1
    if num == 3:
        continue  # 当 num 的值为 3 时，会跳过本轮循环并输出结果
    print(num)
```

语法格式（2）如下：

```
for 迭代变量 in 对象：
    if 条件表达式：
        continue
    执行代码
```

在 for 循环中，如果条件表达式的值为真，则终止本轮循环，并进入下一轮循环，示例代码如下：

```
for i in range(1,6):
    if i==3:
        continue
    print(i)
```

3.4.3 pass 语句

Python 中的 pass 语句是空语句，用于保持程序结构的完整性。pass 语句一般只作为占位语句来使用，示例代码如下：

```
for i in range(1,10):
    if i%2 == 0:
        print(i)
    else:
        pass
```

案例分析与实现

案例分析

（1）猜数字小游戏。使用 Python 中的模块 random 生成随机整数，使用 while 循环语句比较用户猜测的整数和生成的随机整数，直到用户猜测的整数等于生成的随机整数，使用 break 语句终止循环。

（2）逢三过小游戏。首先由用户指定报数的次数，然后输出从 1 开始的数字，如果遇到

3 的倍数或者包含 3 的数字，则输出“pass”，否则输出当前数字，直到报数的次数达到用户指定的次数。

案例实现

（1）猜数字小游戏，代码如下：

```
import random                                    # 导入 random
target = random.randint(1,100)                   # 生成一个 1～100 的随机整数
while True:
    i = int(input(' 请输入一个 1～100 的整数：'))
    if i > target:
        print(' 猜大了 ')
    if i < target:
        print(' 猜小了 ')
    if i == target:
        print(' 猜对了 ')
        break
```

猜数字小游戏程序运行结果如图 3-5 所示。

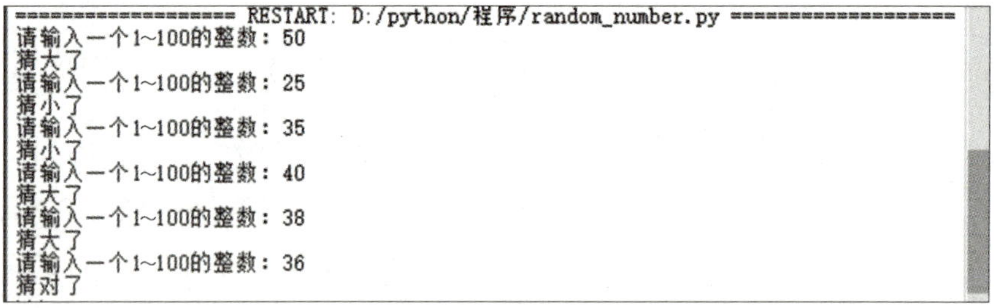

```
=================== RESTART: D:/python/程序/random_number.py ===================
请输入一个1~100的整数：50
猜大了
请输入一个1~100的整数：25
猜小了
请输入一个1~100的整数：35
猜小了
请输入一个1~100的整数：40
猜大了
请输入一个1~100的整数：38
猜大了
请输入一个1~100的整数：36
猜对了
```

◎ 图 3-5　猜数字小游戏程序运行结果

（2）逢三过小游戏，代码如下：

```
times = int(input(' 请输入报数的次数：'))
num = 1
for i in range(times):
    if num%3 == 0 or str(num).count('3')>0:
        print('pass', end=' ')
    else:
        print(num, end=' ')
    num += 1
```

逢三过小游戏程序运行结果如图 3-6 所示。

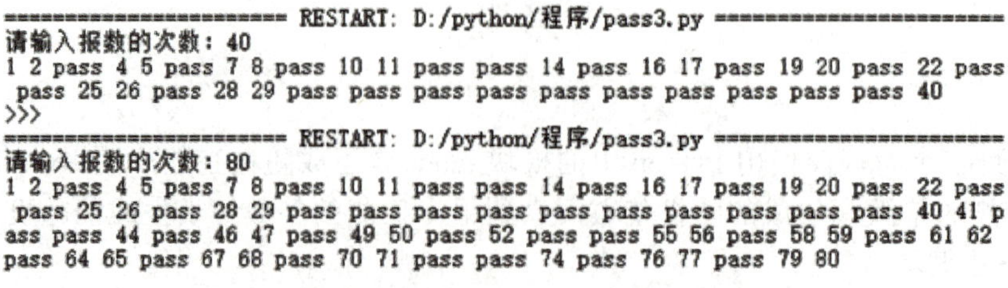

```
======================= RESTART: D:/python/程序/pass3.py =======================
请输入报数的次数：40
1 2 pass 4 5 pass 7 8 pass 10 11 pass pass 14 pass 16 17 pass 19 20 pass 22 pass
 pass 25 26 pass 28 29 pass pass pass pass pass pass pass pass pass pass 40
>>>
======================= RESTART: D:/python/程序/pass3.py =======================
请输入报数的次数：80
1 2 pass 4 5 pass 7 8 pass 10 11 pass pass 14 pass 16 17 pass 19 20 pass 22 pass
 pass 25 26 pass 28 29 pass pass pass pass pass pass pass pass pass pass 40 41 p
ass pass 44 pass 46 47 pass 49 50 pass 52 pass pass 55 56 pass 58 59 pass 61 62
pass 64 65 pass 67 68 pass 70 71 pass pass 74 pass 76 77 pass 79 80
```

◎ 图 3-6　逢三过小游戏程序运行结果

本章小结

通过本章的学习，学生可以理解 Python 中流程控制的核心概念，并使用各种流程控制语句对整个程序进行流程控制。

课后训练

一、选择题

1. 以下可以终止一个循环的跳转语句是（   ）。
   A．if 语句　　　　B．exit 语句　　　　C．break 语句　　　　D．continue 语句
2. 已知代码如下：

```
s,i = 1,1
while i<=4 :
  s *= i
  i++
```

i 的值是（   ）。
   A．6　　　　　　B．4　　　　　　　C．24　　　　　　　D．5
3. 关于 Python 的分支结构，以下描述错误的是（   ）。
   A．Python 中的 if…elif…else 语句用来描述多分支结构
   B．使用 if 语句可以创建分支结构
   C．Python 中的 if…else 语句用来实现双分支结构
   D．分支结构可以向已经执行过的语句部分跳转
4. 关于 Python 中的循环语句，以下描述错误的是（   ）。
   A．break 语句用来终止最内层循环，当终止该循环后，程序会继续执行循环语句后面的内容
   B．continue 语句只有能力跳出本轮循环
   C．循环中的遍历结构可以是组合数据类型和 range() 函数等
   D．Python 通过 for 循环、while 循环等语句实现循环结构
5. 下面代码的运行结果是（   ）。

```
for s in "HelloWorld":
  if s=="W":
    continue
  print(s,end="")
```

   A．Hello　　　　B．HelloWorld　　　　C．Helloorld　　　　D．World
6. 关于 Python 的无限循环，以下描述错误的是（   ）。
   A．无限循环会一直保持循环操作，直到不满足循环条件时才结束
   B．无限循环又被称为"条件循环"
   C．无限循环通过 while 循环语句来创建

D．无限循环需要提前确定循环次数

7．已知代码如下：

```
a=3
while a > 0:
  a -= 1
  print(a,end=" ")
```

以下描述错误的是（　　）。

  A．a -= 1 运算可通过 a = a-1 语句来实现

  B．在 a > 0 运算中，如果将 ">" 修改为 "<"，则程序的运行会进入死循环

  C．使用 while 循环语句可以创建循环结构

  D．该代码的运行结果为 2 1 0

二、程序设计题

1．已知 3 条边的长度分别为 a、b、c，判断它们是否可以构成一个三角形。

2．输出 100 以内的所有质数。

3．输出两个正整数，以及它们的最小公倍数。

4．输出所有的水仙花数。水仙花数是指一个 3 位数，其各位数字的立方和刚好等于这个 3 位数本身，例如，$1^3 + 5^3 + 3^3 = 153$。

5．输出乘法口诀表。

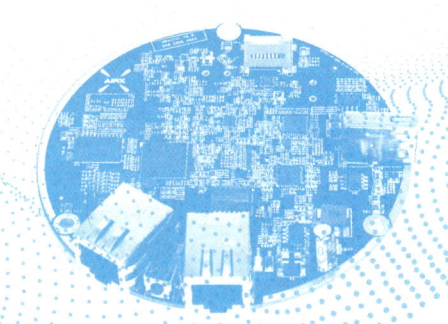

第4章

函数

案例描述

由用户输入一个数字,输出该数字的阶乘($n!=1×2×3×...×n$)。

知识准备

在编程中,使用函数可以写出简洁、高效的程序结构。模块化的结构可以简化程序,并提高程序的可阅读性和可维护性。本章主要讲述函数的定义、参数、变量的作用域,以及嵌套函数、匿名函数、递归函数的相关知识。

4.1 函数的定义

函数是有名称的代码块,用来完成特定的工作。当需要执行由函数定义的特定任务时,可以直接调用该函数。函数的主要作用在于,当需要在程序中多次执行相同的任务时,无须反复编写该任务的代码,只需要调用该任务的函数即可。如用于输入的 input() 函数、用于输出的 print() 函数等。这些函数是 Python 自带的标准函数,可直接使用。除此之外,Python 也支持自定义函数。通过使用函数,程序的编写、阅读、测试和使用都将更加容易,也可以提高代码的重复使用率,简化代码。

Python 中用于定义函数的关键字是 def,语法格式如下:

```
def functionname([parameterlist]):
    functionbody
```

- functionname:函数名,在调用函数时使用。
- parameterlist:参数,可以没有,也可以有一个或多个,用于指定传递至函数中的参数。如果是多个参数,则各参数之间需使用",""分隔。
- fuctionbody:函数体,即函数被调用时需要执行的功能代码。如果函数有返回值,则可以使用 return 语句返回,示例代码如下:

```
def sum(x, y):
    return x + y

def total(x, y, z):
    sumoftwo = sum(x, y)
    sumofthree = sum(sumoftwo, z)
    return sumoftwo, sumofthree
```

```
def main():
    print(' 和：', sum(4, 6))
    x, y = total(2, 3, 6)
    print(' 两个数字之和：', x, ' 3 个数字之和：', y)

if __name__ == '__main__':
    main()
```

运行结果如下：

和：10
两个数字之和：5   3 个数字之和：11

上例中定义了 3 个函数，main() 函数没有参数和返回值，sum() 函数有两个参数和一个返回值，total() 函数有 3 个参数和两个返回值。

4.2 参数

4.2.1 形参和实参

形参是指在定义函数的过程中函数的输入参数，代表的是一个位置、一个变量名，以及函数可以接收的参数类型；实参指的是函数在调用过程中输入的参数，是一个具体内容，示例代码如下：

```
def sum(x, y):
    return x + y
sum(5, 4)
```

其中，x 和 y 表示形参，5 和 4 表示实参。

4.2.2 默认参数

默认参数是指在定义函数的过程中，为参数赋一个默认值。在调用该函数时，可以不为有默认值的参数赋值，示例代码如下：

```
def sum(x = 4, y = 5):
    return x + y
print(sum(), end = ' ')
print(sum(5), end = ' ')
print(sum(6, 7), end = ' ')
```

运行结果如下：

9 10 13

4.2.3 关键字参数

关键字参数的形式是 kwarg=value，也就是通过 "=" 来直接将实参赋值给特定的形参，避免赋值时顺序错乱，示例代码如下：

```
def func(x, y):
    return 2*x
print(func(5, 4))
print(func(x = 4, y = 5))
```
运行结果如下：
```
10
8
```

4.2.4 可变参数

可变参数又被称为"变长参数"，即传入函数中的实参可以是任意多个。定义可变参数时，主要有两种方式，分别为使用 *parameter 定义和使用 **parameter 定义。

1. 使用 *parameter 定义可变参数

表示接收任意多个参数，并将其放到一个元组中，示例代码如下：
```
def hello(msg,*names):
    for name in names:
        print(msg, ',', name)

if __name__ == '__main__':
    hello(' 你好 ',' 张三 ',' 李四 ',' 王五 ')
```
运行结果如下：
```
你好 , 张三
你好 , 李四
你好 , 王五
```

2. 使用 **parameter 定义可变参数

表示接收任意多个与关键字参数一样显式赋值的实参，并将其放到一个字典中，示例代码如下：
```
def printage(**num):
    print()
    for key, value in num.items():
        print(key,' 的年龄是：', value)

if __name__ == '__main__':
    num = {' 张三 ':21, ' 李四 ':22, ' 王五 ':20}
    printage(**num)
```
运行结果如下：
```
张三 的年龄是：21
李四 的年龄是：22
王五 的年龄是：20
```

4.3 变量的作用域

变量的作用域是指程序代码可以访问该变量的区域。一旦超出该区域，再进行访问就会出现错误。例如，在函数内部定义的变量，不能在函数外部进行访问，代码如下：

```
def sum(x, y):
    result = x + y
    print(" 在函数内部访问 ", result)
    return result


sum(1, 2)
print(" 在函数外部访问 ", result)
```

在函数外部访问函数内部定义的变量的程序运行结果如图 4-1 所示。

```
在函数内部访问    3
Traceback (most recent call last):
  File "D:/python/程序/4.py", line 7, in <module>
    print("在函数外部访问", result)
NameError: name 'result' is not defined
```

◎ 图 4-1　在函数外部访问函数内部定义的变量的程序运行结果

在函数内部定义和访问的变量，被称为"局部变量"，只在函数内部有效，因此一旦在函数外部访问，会抛出 NameError 异常。

与局部变量相对应的，是一种可以在函数外部访问的变量，被称为"全局变量"。全局变量一般在函数外部进行定义，可以在定义后的任意位置进行访问，示例代码如下：

```
def sum():
    print(" 在函数内部访问 ", result)
    return result


result = ' 全局变量 '
sum()
print(" 在函数外部访问 ", result)
```

运行结果如下：

在函数内部访问 全局变量
在函数外部访问 全局变量

在函数内部定义的局部变量，可以通过 global 关键字转换为全局变量，之后便可以在函数外部进行访问，示例代码如下：

```
def sum():
    global result
    result = ' 全局变量 '
    print(" 在函数内部访问 ", result)


sum()
print(" 在函数外部访问 ", result)
```

运行结果如下：

在函数内部访问 全局变量
在函数外部访问 全局变量

在函数外部定义全局变量，可以在函数内部访问并修改全局变量的值，示例代码如下：

```python
result = " 全局变量 "
print(" 在函数外部访问 ", result)

def sum():
    result = ' 局部变量 '
    print(" 在函数内部访问 ", result)

sum()
print(" 在函数外部访问 ", result)
```

运行结果如下：

在函数外部访问 全局变量
在函数内部访问 局部变量
在函数外部访问 全局变量

由此可知，全局变量的值无法在函数内部被修改。当在函数内部尝试定义一个与全局变量名称相同的变量时，系统会自动将该变量归类为函数的局部变量，并不会影响全局变量的值。如果想要在函数内部修改全局变量的值，则可以使用 global 关键字来实现，示例代码如下：

```python
result = "0"
print(" 在函数外部访问 ", result)

def sum():
    global result
    result = '1'
    print(" 在函数内部访问 ", result)

sum()
print(" 在函数外部访问 ", result)
```

运行结果如下：

在函数外部访问 0
在函数内部访问 1
在函数外部访问 1

4.4 嵌套函数

Python 允许定义与调用嵌套函数，也就是说，可以在函数内部定义与调用其他函数，示例代码如下：

```python
def func1():
    print(' 正在调用 func1() 函数 ')
    def func2():
        print(' 正在调用 func2() 函数 ')
```

func2()

func1()
func2()

定义与调用嵌套函数程序运行结果如图 4-2 所示。

```
正在调用func1()函数
正在调用func2()函数
Traceback (most recent call last):
  File "D:/python/程序/4.py", line 8, in <module>
    func2()
NameError: name 'func2' is not defined
```

◎ 图 4-2 定义与调用嵌套函数程序运行结果

需要注意的是，只有在 func1() 函数内部才可以对 func2() 函数进行调用，在 func1() 函数外部是不可以调用 func2() 函数的。

如果在一个嵌套函数内部对外部作用域的变量进行访问，则该嵌套函数被称为"闭包"，所访问的变量不能是全局变量，示例代码如下：

```
>>> def func1(x):
        def func2(y):
            return 2*x + y
        return func2
>>> func1(4)(5)          # 调用第一种方法
13
>>> a = func1(4)         # 调用第二种方法
>>> a(5)
13
```

如果希望在嵌套函数内部修改外部函数的变量，则可以使用 nonlocal 关键字来实现，示例代码如下：

```
def func1():
    x = 0
    y = 0
    def func2():
        nonlocal x
        x = 1       # 使用 nonlocal 关键字
        y = 1       # 不使用 nonlocal 关键字
    func2()
    print(x)
    print(y)

func1()
```

运行结果如下：

```
1
0
```

4.5 匿名函数

匿名函数是指没有名称的函数。在通常情况下，这种函数只使用一次。在 Python 中，可以使用 lambda 表达式定义匿名函数，语法格式如下：

return = lambda[arg1[,arg2,...,argN]]: expression

- return：用于调用 lambda 表达式。
- arg1[, arg2, …, argN]：可选参数，用于指定要传递的参数列表，多个参数之间使用","分隔。
- expression：必选参数，用于指定一个实现具体功能的表达式。如果有参数，则该表达式会应用这些参数。

除了没有函数名，匿名函数的语义和使用 def 关键字与 expression 表达式定义的函数的语义相同，语法格式如下：

```
def func([arg1[,arg2,...,argN]]):
    return expression
```

示例代码如下：

```
>>> sum = lambda x,y : x+y
>>> print(sum(1,2))
3
>>> print((lambda x,y : x*y)(2,5))
10
```

4.6 递归函数

在函数内部可以调用其他函数，如果一个函数内部调用了该函数本身，则该函数就是递归函数，示例代码如下：

```
'''
输出斐波那契数列的前 10 个数字
斐波那契数列的排列是：1, 1, 2, 3, 5, 8, 13, 21, 34, 55, 89, 144…
斐波那契数列中，后一个数字等于前面两个数字的和
'''
def fib(n):
    if n==0:
        return 0
    elif n==1:
        return 1
    else:
        return fib(n-1) + fib(n-2)

if __name__ == "__main__":
    for i in range(1,11):
        print(fib(i), end=' ')
```

运行结果如下：

1 1 2 3 5 8 13 21 34 55

注意：在 Python 中，递归函数的使用要慎重。因为在一般情况下，递归函数是能够被循环语句替代的，而且循环语句的效率常常比递归函数要高。在使用递归函数时，要注意设定跳出递归的条件，避免程序一直运行。

案例分析与实现

案例分析

数字 n 的阶乘（$n!=1×2×3×…×n$）可以直接使用循环语句来实现，也可以使用递归函数来实现。

案例实现

（1）使用递归函数计算数字的阶乘，代码如下：

```
def factorial(n):
    result = 1
    if n == 0 or n == 1:   # 0 和 1 的阶乘为 1
        result = 1
    else:
        result = n * factorial(n-1)
    return result

n = int(input("请输入一个正整数："))
print(n, ' 的阶乘：', factorial(n))
```

使用递归函数计算数字的阶乘程序运行结果如图 4-3 所示。

```
===================== RESTART: D:/python/程序/func.py =====================
请输入一个正整数：0
0 的阶乘： 1
>>>
===================== RESTART: D:/python/程序/func.py =====================
请输入一个正整数：1
1 的阶乘： 1
>>>
===================== RESTART: D:/python/程序/func.py =====================
请输入一个正整数：2
2 的阶乘： 2
>>>
===================== RESTART: D:/python/程序/func.py =====================
请输入一个正整数：5
5 的阶乘： 120
```

◎ 图 4-3　使用递归函数计算数字的阶乘程序运行结果

（2）不使用递归函数计算数字的阶乘，代码如下：

```
n = int(input("请输入一个正整数："))
factorial = 1
```

```
if n == 0 or n == 1:
    print(n, ' 的阶乘：', factorial)
else:
    for i in range(1, n+1):
        factorial *= i
    print(factorial)
```

本章小结

通过本章的学习，学生可以了解 Python 中的函数是什么。而通过举例讲解，可以使学生对参数、变量的作用域、嵌套函数、匿名函数和递归函数有更加深入的了解，最后达到熟练使用、运用自如的目的。

课后训练

一、选择题

1. Python 中定义函数的关键字是（　　）。
   A．def　　　　　B．define　　　　C．function　　　D．defunc
2. 已知定义函数的代码如下：

```
def showNnumber(numbers):
    for n in numbers:
        print(n)
```

以下语句在调用该函数时会报错的是（　　）。
   A．showNumer([2, 4, 5])　　　　　B．showNnumber(3.4)
   C．showNnumber('abcesf')　　　　 D．showNumber((12, 4, 5))
3. Python 使用（　　）关键字定义一个匿名函数。
   A．function　　B．func　　　　　C．def　　　　　D．lambda
4. 如果一个函数有 4 个参数，其中两个参数指定了默认值，则在调用该函数时，参数个数最少是（　　）个。
   A．0　　　　　B．2　　　　　　C．1　　　　　　D．3
5. 以下不属于函数的作用的是（　　）。
   A．提高代码执行速度
   B．增强代码可读性
   C．降低编程复杂度
   D．复用代码
6. 假设函数中不包括 global 关键字，对于改变参数值的方法，以下错误的是（　　）。
   A．当参数是列表类型时，会改变原参数的值
   B．当参数是组合类型（可变对象）时，会改变原参数的值

C．参数的值是否改变与函数中变量的操作有关，与参数类型无关

D．当参数是整数类型时，不会改变原参数的值

7．在 Python 中，关于函数的描述，以下正确的是（　　）。

A．eval() 函数可以用于数值表达式求值，例如 eval("2*3+1")

B．如果在定义函数时没有对参数指定类型，则参数在函数中可以被当作任意类型来使用

C．一个函数中只允许有一条 return 语句

D．Python 中，def 和 return 是函数必须使用的关键字

8．已知代码如下：

```
def func(a,b):
    c=a**2+b
    b=a
    return c
a=10
b=100
c=func(a,b)+a
```

以下描述错误的是（　　）。

A．运行该代码后，a 的值为 10

B．运行该代码后，b 的值为 100

C．运行该代码后，c 的值为 200

D．该代码中的函数名为 func

二、程序设计题

1．定义一个函数，输出 1~100 的偶数和。

2．定义一个函数，输出所输入数字的绝对值。

3．编写程序，输入两个整数，输出它们的最大公约数和最小公倍数。

4．有一对兔子，从出生后第三个月起每个月都生一对兔子，小兔子长到第三个月后每个月又生一对兔子。编写程序，输出每个月的兔子总数（假设兔子都不死）。

5．已知一个分数序列：2/1, 3/2, 5/3, 8/5, 13/8, 21/13, … 编写程序，输出这个分数序列的前 20 项之和。

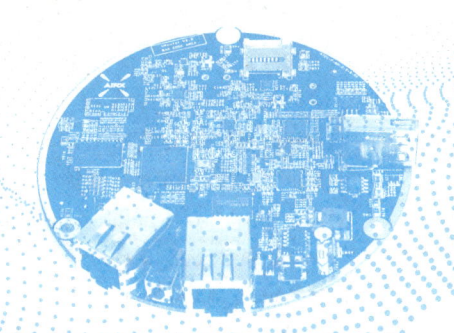

第 5 章

模块与包

案例描述

根据输入的利润计算提成。

企业是根据利润计算提成的。当利润低于或等于 10 万元时，可提成 10%；当利润高于 10 万元，但低于或等于 20 万元时，低于或等于 10 万元的部分可提成 10%，高于 10 万元的部分可提成 7.5%；当利润高于 20 万元，但低于或等于 40 万元时，高于 20 万元的部分可提成 5%；当利润高于 40 万元，但低于或等于 60 万元时，高于 40 万元的部分可提成 3%；当利润高于 60 万元，但低于或等于 100 万元时，高于 60 万元的部分可提成 1.5%；当利润高于 100 万元时，高于 100 万元的部分可提成 1%。输入当月利润，输出提成总数。

要求将程序封装成模块，并对程序进行测试。

知识准备

Python 提供了大量的标准模块，而且支持使用第三方模块，以及自定义模块。本章将对模块与包进行介绍，并介绍如何使用标准模块和第三方模块。

5.1 模块

5.1.1 模块的创建和导入

在 Python 中，每个扩展名为 ".py" 的文件都是一个模块。通常将实现某一特定功能的代码存储在一个 Python 文件中，并作为一个模块，可以方便其他程序和脚本进行调用。例如，在 Python 安装目录下，定义一个名称为 "hello_world.py" 的模块，代码如下：

```
def hello():
    print('Hello world!')
```

然后在 IDLE 的图形交互窗口中使用相关语句即可成功调用该模块，代码如下：

```
>>> import hello_world
>>> hello_world.hello()
Hello world!
```

这里的 import 语句用于动态加载类和函数，常用的语法格式如下：

```
import 模块名
```

import 模块名 as 简称
from 模块名 import 函数名

例如，调用 hello_world.py 模块，代码如下：

```
>>> import hello_world                  # 使用 import 模块名方法调用
>>> hello_world.hello()
Hello world!
>>> import hello_world as hw            # 使用 import 模块名 as 简称方法调用
>>> hw.hello()
Hello world!
>>> from hello_world import hello       # 使用 from 模块名 import 函数名方法调用
>>> hello()
Hello world!
```

from 模块名 import * 语句表示调用模块中的全部函数。模块的主要作用在于可以更加方便地对代码进行测试和复用。

5.1.2 模块的搜索目录

通常在调用模块时，程序会自动在一组目录下搜索模块文件。用户可以通过如下代码查看该组目录：

```
>>> import sys
>>> sys.path
['D:/Python', 'D:\\Python\\Lib\\idlelib', 'D:\\Python\\Python37.zip', 'D:\\Python\\DLLs', 'D:\\Python\\lib', 'D:\\Python', 'D:\\Python\\lib\\site-packages']
```

当想要在桌面（C:\Users\PC\Desktop）上创建一个名称为"hello_world.py"的模块时，如果使用如下代码：

```
print('Hello world!')
```

则在调用时会报错：

```
>>> import hello_world
Traceback (most recent call last):
  File "<pyshell#1>", line 1, in <module>
    import hello_world.py
ModuleNotFoundError: No module named 'hello_world'
```

对此，可以通过以下方法来添加指定的目录到 sys.path 中。

1. 存储到搜索目录下

Python 中的模块通常存储在 site-packages（D:\\Python\\lib\\site-packages）目录下。可以将自定义模块存储到 site-packages 目录下，或者其他任意搜索目录下，代码如下：

```
>>> import hello_world
Hello world!
```

2. 临时添加

将自定义模块临时存储到搜索目录下，但在窗口关闭之后会失效，代码如下：

```
>>> import sys
>>> sys.path.append('C:\\Users\\PC\\Desktop')
>>> sys.path
```

['D:/Python', 'D:\\Python\\Lib\\idlelib', 'D:\\Python\\Python37.zip', 'D:\\Python\\DLLs', 'D:\\Python\\lib', 'D:\\Python', 'D:\\Python\\lib\\site-packages',' C:\\Users\\PC\\Desktop']
>>> import hello_world
Hello world!

关闭当前窗口，在重新输入时会报错：

>>> import hello_world
Traceback (most recent call last):
  File "<pyshell#0>", line 1, in <module>
    import hello_world
ModuleNotFoundError: No module named 'hello_world'

3. 在环境变量中添加

打开"编辑系统变量"对话框（见图5-1），新建"PYTHONPATH"变量（如果已有该变量则直接编辑），添加自定义模块所在目录"C:\Users\PC\Desktop"，单击"确定"按钮。

完成上述设置后，重新打开 IDLE 即可。

◎ 图 5-1 "编辑系统变量"对话框

4. 创建 .pth 文件

在 D:\\Python\\Lib\\site-packages 目录下创建一个文件，写入自定义模块所在目录，如图5-2所示。

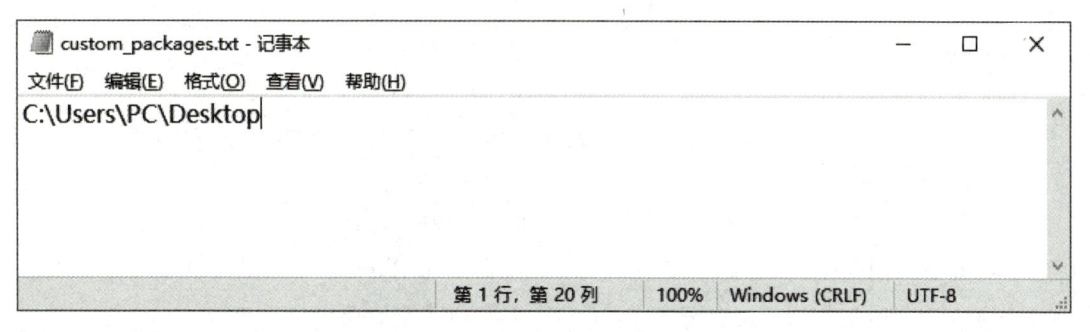

◎ 图 5-2 写入自定义模块所在目录

文件保存后修改扩展名为 ".pth" 即可。

一个 Python 文件主要有两种使用方法，一种是直接作为脚本执行，另一种是通过 import() 函数导入其他脚本使用。在将 Python 文件作为模块导入时，会将模块中没有缩进的代码全部执行。为方便开发人员添加一些必要的测试代码，并避免这些测试代码在调用时被执行，可以使用 __name__ 属性。简单来说就是使用 if __name__ == "__main__": 语句，该语句后的代码只在直接作为脚本时被执行,在作为模块被调用时不会被执行。

以 hello_world.py 文件为例,代码如下:

```
print('Hello world!')
if __name__ == "__main__":
    print(' 测试 ')
```

直接作为脚本,运行结果如下:

```
Hello world!
测试
```

作为模块被调用,运行结果如下:

```
>>> import hello_world
Hello world!
```

5.2 包

包是一个有层次的文件目录结构,可以被简单地理解为"文件夹",文件夹的名称就是包的名称。但是,文件夹下必须存在一个名称为"__init__.py"的文件,该文件可以为空。包由 __init__.py 文件和其他模块构成,__init__.py 是包的标志性文件,Python 通过一个文件夹下是否包含 __init__.py 文件来判断文件夹是否是一个包。

5.3 标准模块

Python 自带了很多基础模块,被称为"标准模块"(又被称为"标准库",英文为"Standard Library")。这些标准模块可以直接通过 import 语句被导入 Python 文件进行使用。常用的 Python 标准模块如表 5-1 所示。

表 5-1 常用的 Python 标准模块

标准模块	说明
datetime	用于处理日期和时间
glob	用于查找符合特定规则的目录和文件
math	用于进行数学运算
os	用于访问操作系统功能
random	用于生成随机数
re	用于进行正则表达式操作
sys	负责程序与操作系统的交互
time	用于时间的获取、表达和转换
zlib	支持通用的数据打包和压缩

在"Python 3.7.0 documentation"窗口(见图 5-3)中,可以通过按 F1 快捷键查看 Python 的说明。选择左侧的"The Python Standard Library"选项,可以在右侧看到 Python 的所有标准模块。

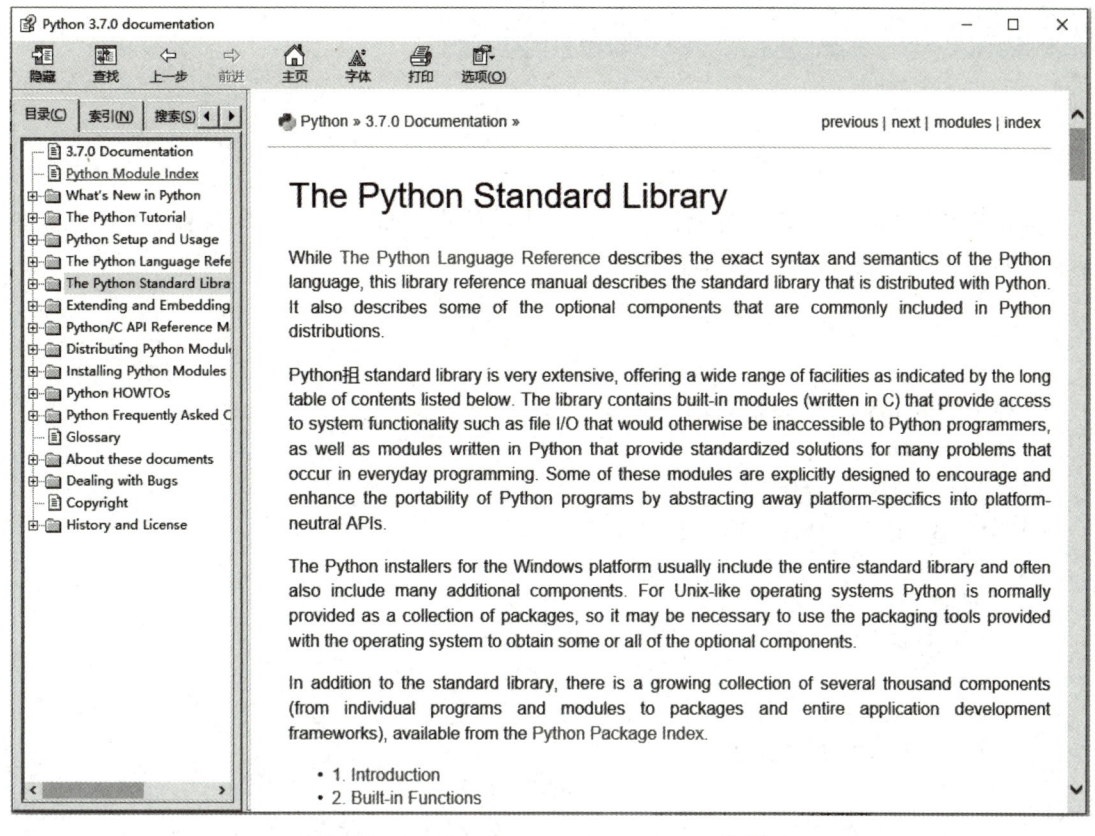

◎ 图 5-3 "Python 3.7.0 documentation"窗口

5.4 第三方模块

在 Python 中，除了 Python 自带的标准模块，还有很多第三方模块。可以在 https://pypi.org/ 中找到这些第三方模块。

在使用第三方模块时，需要先下载并安装该模块，然后就可以和标准模块一样直接导入后使用。开发人员可以通过 Python 提供的 pip 命令下载和安装第三方模块。pip 是 Python 自带的包管理器，提供了对 Python 的第三方模块的查找、下载、安装和卸载等功能。pip 命令的语法格式如下：

```
pip <command> [options]
```

其中，command 是要执行的命令；options 是可选参数，指定要安装或者卸载的模块（当 command 是 install 命令或者 uninstall 命令时，options 不可以省略）。常用的 pip 命令如下：

```
pip install 模块名        # 安装模块
pip uninstall 模块名      # 卸载模块
pip list                 # 查找已安装的第三方模块
pip show 模块名           # 查找已安装模块的信息
```

例如，如果想要安装用于科学计算的第三方模块 NumPy，则可以使用如下代码来实现：

```
pip install numpy
```

案例分析与实现

案例分析

要求将代码封装为模块,首先新建一个文件,通过 __name__ 属性对文件进行测试,然后将文件临时存储到搜索目录中运行。

案例实现

新建一个 Python 文件,写入如下代码:

```python
def profit_bonus(profit):
    # 根据输入的利润来计算提成
    print(' 利润: ', profit, ' 万元 ', end = ' ')
    bonus = 0
    arr = [100, 60, 40, 20, 10, 0]
    rat = [0.01, 0.015, 0.03, 0.05, 0.075, 0.1]
    for i in range(6):
        if profit>arr[i]:
            bonus += (profit-arr[i])*rat[i]
            profit = arr[i]
    print(' 提成: ', bonus, ' 万元 ')

def output():
    # 输入利润,输出提成总数
    profit = int(input(" 输入利润(万元): "))
    profit_bonus(profit)

if __name__=='__main__':
    # 举例测试是否正确
    profit_bonus(15)
    profit_bonus(30)
    profit_bonus(50)
    profit_bonus(80)
    profit_bonus(200)
```

存储文件为"profit_bonus.py",按 F5 快捷键,运行结果如下:

利润: 15 万元   提成: 1.375 万元
利润: 30 万元   提成: 2.25 万元
利润: 50 万元   提成: 3.05 万元
利润: 80 万元   提成: 3.65 万元
利润: 200 万元   提成: 4.95 万元

IDLE 图形交互窗口中的输入和输出代码如下:

```
>>> import sys
>>> sys.path.append('C:\\Users\\PC\\Desktop')          # 将文件临时存储到搜索目录中
```

```
>>> from profit_bonus import output        # 导入模块
>>> output()
输入利润（万元）：50
利润：50 万元      提成：3.05 万元
```

本章小结

本章首先对模块和包进行了简单的介绍，然后介绍了 Python 的一些常用标准模块和第三方模块的相关知识。

课后训练

一、选择题

1. 以下关于模块的描述错误的是（   ）。
   A．一个 .py 文件就是一个模块
   B．任何一个普通的 .py 文件都可以作为模块导入
   C．模块文件的扩展名不一定是".py"
   D．在运行时，Python 会在指定的目录下搜索导入的模块，如果没有搜索到，则会报错

2. 在 Python 中，用来安装第三方模块的工具是（   ）。
   A．PyQt5   B．jieba
   C．pip   D．pyinstaller

3. 以下导入模块的方式错误的是（   ）。
   A．import numpy
   B．from numpy import *
   C．import numpy as np
   D．import numpy from …

4. 关于 __name__ 属性的说法，以下描述错误的是（   ）。
   A．它是 Python 提供的一个方法
   B．每个模块内部都有一个 __name__ 属性
   C．当它的值为"__main__"时，表示模块自身正在运行
   D．当它的值不为"__main__"时，表示模块被引用

5. 关于 Python 中的包，以下描述错误的是（   ）。
   A．包是一个文件
   B．包是一个目录
   C．包被用于组织 Python 中的模块
   D．包必须含有一个名称为"__init__.py"的文件

二、程序设计题

1．创建模块，计算矩形的面积和周长。

2．创建模块，输入一个整数，并判断其是否为质数。

3．创建模块，计算 $s=a+aa+aaa+aaaa+aa…a$ 的值，其中 a 是一个数字。例如，$s=1+11+111+1111+11111$。

第 6 章

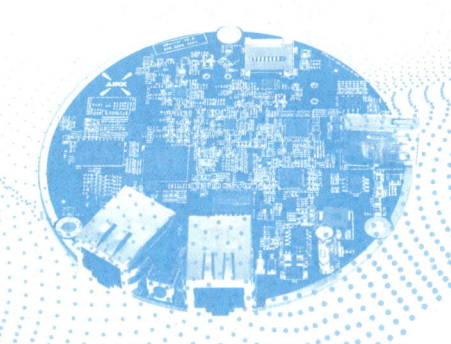

类和对象

案例描述

创建一个链表。

链表是由一组被称为"结点"的数据元素组成的数据类型。每个结点都包含结点本身的信息和指向下一个结点的地址。由于每个结点都包含了可以链接起来的地址信息,因此通过一个变量就能够访问整个结点序列。也就是说,结点包含两部分信息,一部分用于存储数据元素的值,被称为"信息域";另一部分用于存储下一个数据元素地址的指针,被称为"指针域"。链表中第一个结点的地址被存储在一个单独的结点中,被称为"头结点"或"首结点"。链表中的最后一个结点没有后继元素,其指针域为空。

要求实现判断链表是否为空、计算链表长度、遍历整个链表、添加结点、删除结点、查找结点等功能。

知识准备

由于 Python 从设计之初就是一种面向对象的语言,因此在 Python 中创建一个类和对象是很容易的。本章将介绍面向对象程序设计的概念、类的定义和使用,以及 Python 中的继承机制和访问限制。

6.1 面向对象程序设计的概念

面向对象程序设计(Object-Oriented Programming,OOP)是一种程序设计思想,也是一种程序开发的方法。对象是类的实例,类是创建对象的模板,创建对象的过程被称为"类的实例化"。在面向对象程序设计中,主要有以下几个概念。

- 类(Class):用来描述具有相同属性和方法的对象的集合。它定义了该集合中每个对象所共有的属性和方法。
- 属性:特征的描述,简单来说就是变量。
- 方法:类中定义的函数。
- 对象:通过类定义的数据结构实例。对象包括两个数据成员(类变量、实例变量)和方法。
- 实例化:创建一个类的实例,类的具体对象。
- 类变量:类变量在整个实例化的对象中是公用的。类变量定义在类中且在函数外部,通常不作为实例变量来使用。

- 实例变量：定义在方法中的变量，只作用于当前实例的类。
- 数据成员：类变量或者实例变量，用于处理类及其实例对象的相关数据。
- 继承：即一个派生类（Derived Class），继承基类（Base Class）的字段和方法。继承允许把一个派生类对象作为一个基类对象来对待。例如，一个 Dog 类是 Animal 类的派生类，表明狗属于动物。
- 方法重写：如果从基类继承的方法不能满足派生类的需求，则可以对其进行改写，这个过程被称为"覆盖"。

6.2 类的定义和使用

6.2.1 定义类

在 Python 中通过 class 关键字实现类的定义，语法格式如下：

```
class ClassName:
    block_class
```

ClassName 为类名，一般使用大写字母开头。如果类名是两个或者多个单词，则后面单词的首字母均为大写，这种命名方法被称为"驼峰式命名法"。虽然用户根据自己的习惯来命名并不会报错，但还是推荐按照此规范来命名。

block_class 为类体，主要由类变量（或类成员）、方法和属性等定义语句构成，示例代码如下：

```
class MyClass:
    message = 'Hello,Python!'
```

上述代码定义了一个 MyClass 类，类中有一个字符串变量。

6.2.2 创建类的实例

因为 class 语句本身并不创建类的任何实例，所以在定义好类之后，需要创建类的实例，即实例化该类的对象。创建类的实例的语法格式如下：

```
ClassName(parameterlist)
```

parameterlist 是可选参数，如果类中定义的是 __init__() 方法（详见 6.2.3 创建 __init__() 方法），或者 __init__() 方法中只有一个 self，则可以省略 parameterlist。

实例化上面例子中类的对象，代码如下：

```
a = MyClass()
print(a)
```

运行结果如下：

```
<__main__.MyClass object at 0x000001DB579BFBE0>
```

可知 a 是 MyClass 类的一个实例。

6.2.3 创建 __init__() 方法

__init__() 是一种特殊的类成员方法，又被称为"构造函数"，主要用来在创建对象时初始化对象，即为类的成员变量赋初始值。Python 中类的构造函数使用"__init__()"命名。__init__() 方法中必须包含一个 self，并且必须是第一个参数。self 返回一个指向实例本身的引用，用于访问类中的属性和方法，示例代码如下：

```
class MyClass:
    message = 'Hello,Python!'
    def __init__(self):
        print(' 我是 MyClass 类 !')
a = MyClass()
```

运行结果如下：

```
我是 MyClass 类！
```

__init__() 方法在创建实例时会被自动调用。

又如：

```
class Dog:
    ''' 狗狗类 '''
    def __init__(self,type,color,size):
        print(' 我是一条 ',type)
        print(' 我的颜色是 ',color)
        print(' 我属于 ',size,' 型犬 ')

type = ' 柯基 '
color = ' 黄色 '
size = ' 小 '

corgi = Dog(type ,color ,size)
```

运行结果如下：

```
我是一条 柯基
我的颜色是 黄色
我属于 小 型犬
```

如此，在创建实例时，会为类的成员变量赋初始值。

6.2.4 创建类的成员并访问

类的成员主要由实例方法和数据成员构成。在类中创建类的成员后，可以通过类的实例进行访问。

1. 创建并访问实例方法

实例方法是指在类中定义的方法，与 __init__() 方法一样，实例方法的第一个参数必须是 self，并且必须包含一个 self。创建实例方法的语法格式如下：

```
def funcName(self,parameterlist):
    block
```

在实例方法创建完成后，可以通过类的实例名和"."进行访问，语法格式如下：

```
instanceName.funcName(parametervalue)
```

其中，instanceName 为类的实例名；funcName 为要调用的方法名；parametervalue 是实例方法指定的实参，其个数为 parameterlist 的个数减 1，即不包含 self。示例代码如下：

```
class Dog:
    ''' 狗狗类 '''
    def __init__(self,type,color,size):
        print(' 我是一条 ',type)
        print(' 我的颜色是 ',color)
        print(' 我属于 ',size,' 型犬 ')

    def run(self,state):
        print(state)


type = ' 柯基 '
color = ' 黄色 '
size = ' 小 '

corgi = Dog(type ,color ,size)
corgi.run(' 我的腿很短，所以跑得不是太快 !')
```

运行结果如下：

我是一条 柯基
我的颜色是 黄色
我属于 小 型犬
我的腿很短，所以跑得不是太快！

2. 创建并访问数据成员

数据成员是指在类中定义的变量，即属性。根据定义的位置，数据成员可以分为类属性和实例属性。

1）类属性

类属性是指在类中、函数外部定义的属性，可以通过类名或者实例名进行访问，示例代码如下：

```
class Students():
    work = 'study'                  # 类属性

print(' 通过类名访问类属性 ', Students.work)
a = Students()
print(' 通过实例名访问类属性 ', a.work)
```

运行结果如下：

通过类名访问类属性 study
通过实例名访问类属性 study

类属性可以在类的所有实例之间共享值，也就是在所有实例化的对象中共用，示例代码如下：

```
class Students():
    work = 'study'                  # 类属性
    num = 0

    def __init__(self):
```

```
        Students.num += 1

for i in range(3):
    a = Students()
print(Students.num)
```

运行上述代码，结果为3。

对类属性进行修改，示例代码如下：

```
class Students():
    work = 'study'                  # 类属性

a = Students()
a.work = 'play game'
print(a.work)
print(Students.work)

b = Students()
Students.work = 'watch movie'
print(b.work)
print(Students.work)
```

运行结果如下：

```
play game
study
watch movie
watch movie
```

据此可知，类属性可以通过类名.属性名来修改，实例名.属性名只能修改当前实例的类属性。可以通过 del 类名.属性名来删除类属性，删除之后所有实例都不能再访问该属性了。

2）实例属性

实例属性可以通过实例变量或者 self 来定义。__init__() 方法中定义的变量所具有的属性为实例属性，示例代码如下：

```
class Students():
    def __init__(self, name):
        self.name = name

    def getname(self):
        print(' 使用类内的任意方法，都可以访问实例属性 ', self.name)

s = Students('Tom')
s.getname()
print(s.name)
s.score = 100    # 为实例添加一个 score 属性
print(s.score)
```

运行结果如下：

使用类内的任意方法，都可以访问实例属性 Tom

Tom
100

需要注意的是，上例为实例 s 添加了一个属性，但该属性只对 s 有效，在其他实例中是无效的。如果通过其他实例访问该属性，则会报错，示例代码如下：

```
# 续上
s1 = Students('Amy')
print(s1.score)
```

运行结果如下：

```
Traceback (most recent call last):
  File "D:/Python/ 程序 /4.py", line 12, in <module>
    print(s1.score)
AttributeError: 'Students' object has no attribute 'score'
```

6.3 继承机制

面向对象程序设计带来的主要好处之一是代码具有重用性，而赋予代码这种重用性的方法之一是继承机制。通过继承创建的新类被称为"子类"或"派生类"，被继承的类被称为"基类"、"父类"或"超类"。

在 Python 类的定义语句中，可以在类名右侧使用小括号"()"将要继承的基类名括起来，从而实现类的继承，语法格式如下：

```
class ClassName(baseclasslist):
    statement
```

其中，ClassName 为类名；baseclasslist 为要继承的基类，可以有多个基类，类名之间用","分隔，如果不指定，则使用所有 Python 对象的根类 object；statement 是类体，主要由类变量（或类成员）、方法和属性等定义语句构成。示例代码如下：

```
class Fruit:
    def __init__(self,name):
        print(' 我是 ',name)

    def color(self,color):
        print(' 我的颜色是：',color)

    def shape(self,shape):
        print(' 我的形状是：',shape)

class Apple(Fruit):
    def color(self):
        print(' 我是红色的 ')

a = Apple(' 苹果 ')
a.color()
a.shape(' 圆的 ')
```

运行结果如下：

我是 苹果
我是红色的
我的形状是： 圆的

苹果类继承了基类（水果类），并重写了其基类的 color 方法。在创建苹果类的时候，使用的是其基类的 __init__() 方法进行初始化，得到的名称是苹果。实例调用的 shape 属性也来自其基类。

6.4 访问限制

在类的内部，可以有属性和方法，而外部代码可以通过直接调用实例变量的方法来操作数据，这样，就隐藏了程序内部的复杂逻辑。但是 Python 并没有对属性和方法的访问权限进行限制。为了保证类中的某些属性或方法不被外部代码访问，可以在属性名或方法名前面添加单下画线"_"、双下画线"__"，或者在名称首尾添加双下画线，从而限制访问权限。

（1）首尾都有双下画线表示定义特殊方法，一般是系统定义的名称，如 __init__() 方法。

（2）以单下画线开头表示 protected（保护）类型的成员，只允许该类本身及其派生类进行访问。

（3）以双下画线开头表示 private（私有）类型的成员，只允许定义该类本身的方法进行访问，而且不能通过类的实例进行访问。

如果不进行访问限制，则外部代码可以自由地修改一个实例的相关属性，示例代码如下：

```
class Student:
    ''' 简单学生类 '''
    def __init__(self,name,score):
        self.name = name
        self.score = score

    def printScort(self):
        print(self.name,':',self.score)

s = Student('Ace',98)
s.printScort()
s.score = 30
s.printScort()
```

运行结果如下：

Ace : 98
Ace : 30

如果想要禁止外部访问内部属性，则可以在属性名前添加双下画线"__"。在 Python 中，实例的变量名如果以"__"开头，则表示它是一个私有变量，只有内部可以访问，外部不能访问，示例代码如下：

```
class Student:
    ''' 简单学生类 '''
    def __init__(self,name,score):
```

```
        self.__name = name
        self.__score = score

    def printScort(self):
        print(self.name,':',self.score)

s = Student('Ace',98)
print(s.__name)
```

运行结果如下:

AttributeError: 'Student' object has no attribute '__name'

这样就确保了外部代码不能随意修改对象内部的状态。可知,通过访问限制的保护,可以使代码更加健壮。

如果外部代码需要获取实例的属性,并对其进行修改,则可以通过类的实例名._类名__XXX 来访问该属性,示例代码如下:

```
class Student:
    ''' 简单学生类 '''
    def __init__(self,name,score):
        self.__name = name
        self.__score = score

    def printScort(self):
        print(self.__name,':',self.__score)

s = Student('Ace',98)
s.printScort()
print(s._Student__name)
s._Student__score = 30
s.printScort()
```

运行结果如下:

Ace : 98
Ace
Ace : 30

也可以通过添加 get() 方法和 set() 方法来获取实例的属性并对其进行修改,示例代码如下:

```
class Student:
    ''' 简单学生类 '''
    def __init__(self,name,score):
        self.__name = name
        self.__score = score

    def printScort(self):
        print(self.__name,':',self.__score)

    def get_score(self):
        return self.__score
```

```
    def set_score(self,score):
        self.__score = score

s = Student('Ace',98)
s.printScort()
print(s.get_score())
s.set_score(30)
s.printScort()
```

运行结果如下:

```
Ace : 98
98
Ace : 30
```

使用定义方法来修改属性有一个好处,即在传入参数时,可以对参数进行检查,避免传入无效的参数,示例代码如下:

```
class Student:
    ''' 简单学生类 '''
    def __init__(self,name,score):
        self.__name = name
        self.__score = score

    def printScort(self):
        print(self.__name,':',self.__score)

    def get_score(self):
        return self.__score

    def set_score(self,score):
        if 0 <= score <= 100:
            self.__score = score
        else:
            raise ValueError('bad score')    # 异常处理,详细内容参见第 7 章

s = Student('Ace',98)
s.set_score(120)
s.printScort()
```

运行结果如下:

```
ValueError: bad score
```

案例分析与实现

案例分析

由于链表由结点构成,因此创建两个类,一个为结点类 Node,另一个为单链表类

SingleLinkList。

结点类 Node 有两个属性，一个是信息域，用于存储当前地址的数据元素；另一个是指针域，用于存储下一个数据元素地址的指针。

单链表类有首结点的地址信息属性，以及判断链表是否为空、计算链表长度、遍历整个链表、添加结点、删除结点、查找结点的方法。其中，在添加结点时，如果是在链表头部添加结点，则需要更改首结点的地址信息属性；如果是在链表尾部添加结点，则需要判断链表是否为空，如果为空，则需要修改首结点的地址信息属性。在插入结点时，需要判断插入的位置是否为首位或末位，如果不是，则需要将上一个结点的指针指向插入的结点，并将插入的结点的指针指向下一个结点。在删除结点时，需要将删除结点的上一个结点的指针指向要删除结点的下一个结点，如果要删除的结点位于首位，则需要修改首结点的地址信息属性。

案例实现

代码如下：

```python
# 创建结点
class Node(object):
    def __init__(self, item):
        # 结点有两个属性，信息域和指针域
        self.item = item
        self.next = None


# 创建单链表
class SingleLinkList(object):
    # 初始化
    def __init__(self, node=None, *args):
        if node is None:
            self.__head = node
        else:
            self.__head = Node(node)
            for arg in args:
                self.append(arg)

    def is_empty(self):
        """ 判断链表是否为空
        :return 如果链表为空，则返回 True
        """
        if self.__head is None:
            print(" 链表为空！ ")
            return True
        else:
            return False

    def length(self):
        """ 计算链表长度 """
```

```python
        cur = self.__head
        count = 0
        while cur is not None:
            count += 1
            cur = cur.next
        print(" 链表长度： ",count)
        return count

    def travel(self):
        """ 遍历整个链表 """
        cur = self.__head
        print(' 链表结点： ',end=' ')
        while cur is not None:
            print(cur.item, end=" ")
            cur = cur.next
        print("")

    def add(self, item):
        """ 在链表头部添加结点
        :param item: 要存储的具体数据
        """
        node = Node(item)
        node.next = self.__head
        self.__head = node

    def append(self, item):
        """ 在链表尾部添加结点 """
        node = Node(item)
        # 如果链表为空，则需要进行特殊处理
        if self.is_empty():
            self.__head = node
        else:
            cur = self.__head
            while cur.next is not None:
                cur = cur.next
            # 在退出循环时，cur 指向尾结点
            cur.next = node

    def insert(self, pos, item):
        """ 在指定位置添加结点 """
        # 在头部添加结点
        if pos <= 0:
            self.add(item)
        # 在尾部添加结点
        elif pos >= self.length():
```

```python
            self.append(item)
        else:
            cur = self.__head
            count = 0
            while count < (pos - 1):
                count += 1
                cur = cur.next
            # 在退出循环时，cur 指向 pos 的前一个位置
            node = Node(item)
            node.next = cur.next
            cur.next = node

    def remove(self, item):
        """ 删除结点 """
        cur = self.__head
        pre = None
        while cur is not None:
            # 找到了要删除的结点
            if cur.item == item:
                # 在头部找到了要删除的结点
                if cur == self.__head:
                    self.__head = cur.next
                else:
                    pre.next = cur.next
                return
            # 不是要找的结点，移动游标（在计算机中，游标是指位置的标记，可以用于定位和操作数据）
            pre = cur
            cur = cur.next

    def search(self, item):
        """ 查找结点是否存在 """
        cur = self.__head
        while cur is not None:
            if cur.item == item:
                print(item,' 在链表中 ')
                return True
            cur = cur.next
        print(item,' 不在链表中 ')
        return False

sll = SingleLinkList('a', 'b', 'c', 'd')    # 创建一个对象 sll
sll.travel()                                # 遍历整个单链表
sll.is_empty()                              # 判断是否为空链表，如果为空，则输出"空链表"；如果不为空，则不输出
sll.length()                                # 输出当前链表的长度
sll.add(1)                                  # 在链表头部添加结点
```

```
sll.add(2)
sll.append(4)              # 在链表尾部添加结点
sll.append(5)
sll.insert(0, 9)           # 在链表的指定位置添加结点
sll.travel()
sll.search(4)              # 查找结点
sll.length()
```

运行结果如下：

```
链表结点：a b c d
链表长度：4
链表结点：9 2 1 a b c d 4 5
4 在链表中
链表长度：9
```

本章小结

面向对象程序设计将对象作为程序的基本单元，将程序和数据封装其中，以提高程序的重用性、灵活性和扩展性。通过本章的学习，学生能够全面了解面向对象的特性，掌握类的定义和使用方法，通过继承机制实现代码重用，并学会如何进行访问的限制。

课后训练

一、选择题

1. 以下不属于面向对象三大特性的是（　　）。
   A．抽象　　　　　B．封装　　　　　C．继承　　　　　D．多态
2. 以下负责初始化属性的方法是（　　）。
   A．__del__()　　B．__init__()　　C．__init()　　D．__add__()
3. 关于 Python 中的类，以下描述错误的是（　　）。
   A．类的实例方法必须在创建对象后才可以被访问
   B．类的实例方法必须在创建对象前被访问
   C．类的类方法可以通过对象名和类名来访问
   D．类的静态属性可以通过类名和对象名来访问
4. 已知定义类的代码如下：

```
class Hello():
  def __init__(self,name)
    self.name=name
  def showInfo(self)
    print(self.name)
```

以下代码能正常执行的是（　　）。

  A．h = Hello

    h.showInfo()

  B．h = Hello()

    h.showInfo('张三')

  C．h = Hello('张三')

    h.showInfo()

  D．h = Hello('admin')

    showInfo

5．Python 类中包含一个特殊的参数（　　），它表示当前对象本身，可以访问类的成员。

  A．self   B．me   C．this   D．与类同名

6．关于面向对象的继承，以下描述正确的是（　　）。

  A．继承是指一组对象所具有的相似性质

  B．继承是指类之间共享属性和操作的机制

  C．继承是指各对象之间的共同性质

  D．继承是指一个对象具有另外一个对象的性质

7．关于类的属性和方法，以下描述错误的是（　　）。

  A．在定义类时，必须包含属性和方法，缺一不可

  B．在定义类时，可以没有属性和方法

  C．在定义类时，可以只定义属性而不定义方法，也可以只定义方法而不定义属性

  D．在类中定义属性时，即使未赋值，当实例化对象时，对象的属性也会有值

8．__init__() 方法的作用是对（　　）进行初始化。

  A．类   B．对象   C．实例   D．变量

9．关于类和对象，以下描述错误的是（　　）。

  A．类是具有相同属性和服务的一组对象的集合

  B．类是一个对象模板，用它仅可以生成一个对象

  C．在客观世界中实际存在的是类的实例，即对象

  D．类为属于该类的全部对象提供了统一的抽象描述

二、程序设计题

1．定义一个计算机类 MyComputer，包含一个类属性：计算机数量；以及 3 个对象属性：CPU 类型（字符串）、RAM 内存容量（整型）、硬盘容量（整型）。设计它的 __init__() 方法，初始化 3 个对象属性并递增产量；设计一个用于输出计算机信息的方法，创建 3 个对象，分别调用该方法输出计算机信息，并输出当前计算机数量。

2．定义一个学生类 Student，包含一个类属性：学生数量；以及 4 个对象属性：姓名、年龄、性别、学号。设计它的 __init__() 方法，使学生数量递增；设计一个输出学生信息的方法，建立对象并调用该方法输出学生信息。

第 7 章

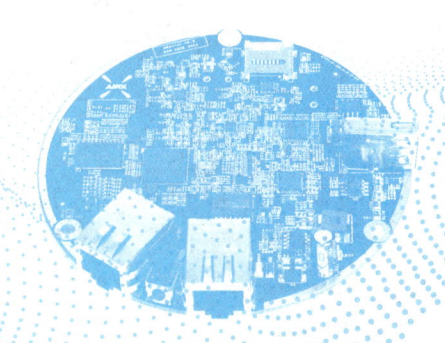

异常

案例描述

由用户输入用户名和密码,直到满足以下要求。

用户名长度为 3~8 个字符,不能全部为数字,密码长度至少为 6 位,由数字或字母组成。

知识准备

异常处理是编程语言中的一种机制,用于处理软件或信息系统中出现的异常(即不在程序正常执行流程内的一些特殊事件)。本章将讲述 Python 中的一些标准异常、异常的处理方式,以及异常的自定义。

7.1 标准异常

异常是一个事件,该事件会在程序执行过程中发生,影响程序的正常执行。在一般情况下,如果 Python 无法正常处理程序,就会产生一个异常。异常是 Python 对象,表示一个错误。当 Python 中的程序出现异常时,研发人员需要捕获并处理该异常,否则程序会终止执行。

Python 的一些标准异常如表 7-1 所示。

表 7-1 Python 的一些标准异常

异常	说明
BaseException	所有异常的基类
SystemExit	解释器请求退出
KeyboardInterrupt	用户中断执行(通常由输入"^C"导致)
Exception	常规错误的基类
StopIteration	迭代器没有更多的值
GeneratorExit	生成器出现异常并通知退出
StandardError	所有标准异常的基类
ArithmeticError	所有数值计算错误的基类
FloatingPointError	浮点数计算错误
OverflowError	数值运算超过最大限制

续表

异常	说明
ZeroDivisionError	除数为零
AssertionError	断言语句失败
AttributeError	对象没有该属性
EnvironmentError	操作系统错误的基类
IOError	输入/输出操作失败
OSError	操作系统错误
WindowsError	系统调用失败
ImportError	导入模块/对象失败
LookupError	无效数据查询的基类
IndexError	序列中没有该索引
KeyError	映射中没有该键
MemoryError	内存溢出错误（对于解释器不是致命的）
NameError	未声明/初始化对象（没有属性）
UnboundLocalError	访问未初始化的本地变量
ReferenceError	弱引用，试图访问已经被垃圾回收了的对象
RuntimeError	一般的运行时错误
NotImplementedError	尚未实现的方法
SyntaxError	语法错误
IndentationError	缩进错误
TabError	Tab 键和空格键混用
SystemError	一般的解释器系统错误
TypeError	对类型无效的操作
ValueError	传入无效的参数
UnicodeError	Unicode 相关的错误
UnicodeDecodeError	Unicode 解码时的错误
UnicodeEncodeError	Unicode 编码时的错误
UnicodeTranslateError	Unicode 转换时的错误
Warning	警告的基类
DeprecationWarning	关于被弃用的特征的警告
FutureWarning	关于构造将来语义会发生变化的警告
PendingDeprecationWarning	关于特性会被弃用的警告
RuntimeWarning	关于可疑的运行时行为的警告
SyntaxWarning	关于可疑语法的警告
UserWarning	关于用户代码生成的警告

7.2 处理异常

捕捉异常可以使用 try…except 语句来实现。其中，try 子句用来检测程序中的错误，从而让 except 子句捕获并处理异常信息。如果不想在异常发生时结束程序，则需要使用 try…except 语句捕获并处理该异常，语法格式如下：

```
# 捕获所有异常
try:
    检测范围
except:
    <语句>        # 捕获所有异常


# 捕获特定异常
try:
    检测范围
except Exception1[as reason]:
    <语句>        # 当出现 Exception1 异常后的处理语句，reason 为报错信息
except (Exception2, Exception3):
    <语句>        # 对 Exception2 异常和 Exception3 异常进行统一处理
else:
    <语句>        # 如果没有出现异常，则执行该语句
```

try…except 语句的工作原理是：当开始一个 try 子句后，Python 会在当前程序的上下文中进行标记，这样一来，当异常出现时就可以回到标记的位置。语句执行过程中，会先执行 try 子句，接下来会发生什么依赖于在执行 try 子句时是否出现异常。

如果在执行 try 子句时异常，Python 就会执行第一个匹配该异常的 except 子句。当异常处理完毕，控制流就完成对整个 try…except 语句的执行（除非在处理异常时又出现新的异常）。

如果在执行 try 子句时出现异常，却没有匹配的 except 子句，则异常会被递交到上层的 try 子句中，或者递交到程序的最上层（这样将结束程序，并输出默认的错误信息）。

如果在 try 子句执行时没有出现异常，则 Python 会执行 else 语句（如果有 else 语句的话），然后控制流完成对整个 try…except 语句的执行。

无论是否出现异常，在 try…except 语句执行完毕都会执行 finally 语句，示例代码如下：

```
try:
    fh = open("testfile.txt", "w")
    fh.write(" 这是一个测试文件，用于测试异常 !!")
except IOError as reason:
    print(" 报错，错误原因是：", reason)
else:
    print(" 内容写入文件成功 ")
    fh.close()
finally:
    print(" 无论是否出现异常都需要执行的语句！")
```

正常运行结果如下：

```
内容写入文件成功
无论是否出现异常都需要执行的语句！
```

在指定的目录下有一个新文件 testfile.txt，文件中的内容为"这是一个测试文件，用于测试异常!!"。

如果出现异常，则运行结果如下：

报错，错误原因是： [Errno 2] No such file or directory: 'testfile.txt'
无论是否出现异常都需要执行的语句！

7.3 自定义异常

虽然 Python 的标准异常中包括大部分异常，可以满足很多要求，但是有时还需要自定义一些特殊的异常类。例如，当需要精确知道问题的根源时，可以通过创建一个新 Exception 类来自定义一些特殊的异常类。异常类应该继承 Exception 类，可以直接继承，也可以间接继承。因为异常就是类，所以捕获一个异常就是捕获该类的一个实例。异常不是凭空产生的，而是由一些不合理的因素导致的，示例代码如下：

```python
class BadScore(Exception):
    ''' 自定义异常类 '''
    def __init__(self,score):
        self.score = score

try:
    s = input(' 请输入分数 :')
    if int(s)>100 or int(s)<0:
        # 触发异常类
        raise BadScore(s)
except BadScore as e:
    print(' 分数无效：'+e.score)
except ValueError:
    print(' 输入错误，请输入 0～100 的数字 ')
else:
    print('OK!')
```

当输入正确的数字时，会提示"OK!"；如果数字的值超过 100 或者小于 0，则会抛出自定义异常，提示分数无效；如果输入的不是数字，则会抛出 ValueError 异常。raise 语句是用来抛出异常的，用法如下。

- raise：用于抛出在当前上下文中捕获的异常，默认抛出 RuntimeWarning 异常。
- raise 异常类名：用于抛出指定类型的异常。
- raise 异常类名（描述信息）：用于在抛出指定类型异常的同时，提供异常的描述信息。

示例代码如下：

```
>>> raise
Traceback (most recent call last):
  File "<pyshell#18>", line 1, in <module>
    raise
RuntimeError: No active exception to reraise
>>> raise IOError
```

```
Traceback (most recent call last):
  File "<pyshell#19>", line 1, in <module>
    raise IOError
OSError
>>> raise AssertionError(' 断言语句（assert）失败 ')
Traceback (most recent call last):
  File "<pyshell#21>", line 1, in <module>
    raise AssertionError(' 断言语句（assert）失败 ')
AssertionError: 断言语句（assert）失败
```

案例分析与实现

案例分析

定义两个异常类，分别为 NameError 和 PwdError，由用户输入用户名和密码，判断其是否符合要求。在外层添加一个 while 循环，直到满足要求。

案例实现

代码如下：

```python
# 自定义异常类型
class NameError(Exception):
    pass
class PwdError(Exception):
    pass

def checklogin(username, userpwd):
    if len(username) < 3 or len(username) > 8:
        raise NameError(" 用户名长度为3～8，请重新输入 ")
    if username.isdigit():                       # 检查字符串中是否只有数字
        raise NameError(" 用户名不可以全部由数字组成，请重新输入 ")
    if len(userpwd)< 6:
        raise PwdError(" 密码至少由6位字母或数字组成，请重新输入 ")
    if not userpwd.encode('utf-8').isalnum():    # isalnum() 方法用于判断字符串是否为字母或者数字，为避免
中文字符的干扰，此处通过 encode 转换为字节序列
        raise PwdError(" 密码由数字和字母组成，请重新输入 ")

# 捕获异常
while True:
    username = input(" 请输入用户名：")
    userpwd = input(" 请输入密码：")

    # 捕获异常
```

```
try :
    checklogin(username,userpwd)
except NameError as reason:
    print(str(reason))
except PwdError as reason:
    print(str(reason))
else:
    print(" 用户名、密码正确 !" , username, userpwd)
    break
```

本章小结

在当前主流编程语言的错误处理机制中，异常处理已经逐步代替了错误代码（error code）的处理方式，它分离了检测错误和处理错误的代码，增强了代码的可读性，方便了用户阅读和理解。通过本章学习，学生可以了解 Python 中一些常见的标准异常，学会如何处理这些异常，并在特殊情况下通过自定义异常来处理程序。

课后训练

一、选择题

1. 当 try 子句中的代码没有任何错误时，一定不会执行（　　）子句。
   A．try   B．except   C．else   D．finally
2. 如果执行 a = 5/0 语句，则会抛出（　　）异常。
   A．KeyError   B．NameError
   C．ZeroDivisionError   D．IndexError
3. 已知代码如下：

```
demo = [1,2,3]
print(demo(3))
```

在执行后会引发（　　）异常。
   A．ZeroDivisionError   B．NameError
   C．KeyError   D．IndexError
4. 关于程序的异常处理，以下描述错误的是（　　）。
   A．当程序出现异常时，经过妥善处理可以继续执行
   B．异常语句可以与 else 语句和 finally 语句配合使用
   C．编程语言中的异常和错误是完全相同的概念
   D．Python 通过 try…except 语句提供异常处理功能
5. 以下属于在异常处理结构中捕获特定类型异常的是（　　）语句。
   A．def   B．except   C．while   D．pass

6. 在异常处理中，释放资源、关闭文件等操作由（　　）来完成。

　　A．try 语句　　　　　　　　　　B．catch 语句

　　C．finally 语句　　　　　　　　D．raise 语句

7. 已知代码如下：

```
try:
number = int(input(" 请输入数字："))
print("number:",number)
print("=hello")
except Exception as e: # 报错错误日志
print(" 打印异常详情信息： ",e)
else: print(" 没有异常 ")
finally:# 关闭资源
print("finally") print("end")
```

　　输入"1a"后的运行结果是（　　）。

　　A．number: 1 打印异常详情信息： invalid literal for int() with base 10:'1a' finally end

　　B．打印异常详情信息： invalid literal for int() with base 10:'1a' finally end

　　C．hello=== 打印异常详情信息： invalid literal for int() with base 10:'1a' finally end

　　D．以上都不正确

二、程序设计题

编写一个模拟计算器，输入3个变量num1、mark、num2，并根据mark的值选择运算类型。

（1）当mark的值为0时，调用getSum()方法，计算num1和num2的和。

（2）当mark的值为1时，调用getDifference()方法，计算num1和num2的差。

（3）当mark的值为2时，调用getProduct()方法，计算num1和num2的积。

（4）当mark的值为3时，调用getQuotient()方法，计算num1和num2的商。

（5）当mark的值为4时，调用getRemainder()方法，计算num1和num2的余数。

（6）针对计算过程中出现的异常，进行异常处理。

Python项目

实战篇

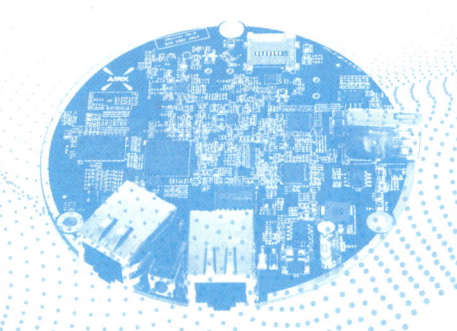

第 8 章

文件备份之文件操作

案例描述

在信息化的今天,数据安全越来越受到人们的重视,但数据备份作为数据安全的一个重要内容却往往被人们所忽视。现在要求编写一段程序,实现对用户输入的数据文件进行备份,备份文件名为原文件名加"_备份"。

知识准备

在 Python 中,常将运行的对象以数据的形式存储在磁盘上,便于下次直接使用所存储的对象,提高工作效率。在磁盘中,常见的方式是以文件的形式存储数据。文件是存储起来的数据的集合,与文件名相关联,如文本文件、视频文件、word 文件等。按照文件的组织形式,可以将文件分为文本文件和二进制文件两类。文本文件存储的是常规字符串,由文本行构成,通常以换行符"\n"结尾。文本文件的常规字符串是指文本编辑器能正常显示、编辑的字符串,如英文字母等。二进制文件是指内容以字节的形式进行存储,不能用文本编辑器进行编辑的文件,如图像文件、视频文件、音频文件等。

在 Python 中,可以通过调用内置函数来实现文件的基本操作。

8.1 文件的应用级操作

无论是文本文件还是二进制文件,其基础操作一般都包括文件的打开、创建、读取、写入、删除等。文件的删除属于系统级操作,可使用 Python 中 os 模块来实现,相对简单;而文件的打开、创建、读取、写入等属于应用级操作,实现相对复杂,下面将逐一进行介绍。

8.1.1 文件的打开和创建

Python 中内置了文件对象,可通过 open() 函数打开一个已经存在的文件,或者创建一个新文件。open() 函数返回的是文件对象,方便后续使用该文件对象对文件进行操作,如读取、写入等,基本语法格式如下:

open(filename,mode)

- filename:字符串类型,用于指定待打开的文件名,如果当前目录下没有待打开的文件,则需要指定完整目录,如 G:\\test.txt。
- mode:文件的打开模式,如只读、只写、追加等,默认的文件打开模式为只读模式。

文件的打开模式如表 8-1 所示。

表 8–1　文件的打开模式

打开模式	说明
r	打开一个文件用于只读。文件指针放在文件的开头，是默认模式
rb	以二进制形式打开一个文件用于只读。文件指针放在文件的开头
r+	打开一个文件用于读取与写入。文件指针放在文件的开头
rb+	以二进制形式打开一个文件用于读取与写入。文件指针放在文件的开头
w	打开一个文件用于只写。如果该文件已存在，则打开文件并从文件的开头进行编辑，编辑的内容将覆盖原内容；如果该文件不存在，则创建新文件
wb	以二进制形式打开一个文件用于只写。如果该文件已存在，则打开文件并从文件的开头进行编辑，编辑的内容将覆盖原内容；如果该文件不存在，则创建新文件
w+	打开一个文件用于读取与写入。如果该文件已存在，则打开文件并从文件的开头进行编辑，编辑的内容将覆盖原内容；如果该文件不存在，则创建新文件
wb+	以二进制形式打开一个文件用于读取与写入。如果该文件已存在，则打开文件并从文件的开头进行编辑，编辑的内容将覆盖原内容；如果该文件不存在，则创建新文件
a	打开一个文件用于追加。如果该文件已存在，则文件指针放在文件的结尾，在已有内容之后追加新内容；如果该文件不存在，则创建新文件并追加
ab	以二进制形式打开一个文件用于追加。如果该文件已存在，则文件指针放在文件的结尾，在已有内容之后追加新内容；如果该文件不存在，则创建新文件并追加
a+	打开一个文件用于读取与写入。如果该文件已存在，则文件指针放在文件的结尾，在已有内容之后追加新内容；如果该文件不存在，则创建新文件用于读取与写入
ab+	以二进制形式打开一个文件用于读取与写入。如果该文件已存在，则文件指针放在文件的结尾，在已有内容之后追加新内容；如果该文件不存在，则创建新文件用于读取与写入

示例代码如下（读取文件）：

```
>>> f=open('test.txt','w')
>>> print(type(f))
<class '_io.TextIOWrapper'>
```

说明：这里是使用相对路径打开的文件，也可以使用绝对路径。如果使用绝对路径，则需写明根目录。

8.1.2　文件的读取和写入

文件的操作流程一般是先打开或者创建文件，然后操作文件，如读取或写入文件等，最后是关闭文件。前面介绍了文件的打开和创建，现在我们一起来学习文件的读取和写入。

1. 文件的读取

在 Python 中，read() 方法、readline() 方法及 readlines() 方法等都可以用于读取文件内容，下面将逐一进行介绍。

1）read() 方法

read() 方法的主要功能是读取文件内容，语法格式如下：

文件对象 .read([size])

size 表示所读取的文件内容的长度。如果文件内容的长度小于 size，则读取文件中的全部内容，默认为读取文件中的全部内容，示例代码如下：

```
""" 假设要读取的 a.txt 文件内容为：
first line：第一行
second line：第二行
third line：第三行
"""
f=open('a.txt','r')         # 以只读方式打开当前目录下的 a.txt 文件
content1=f.read(13)         # 从文件指针所在的位置开始读取 13 字节
content2=f.read()           # 读取文件中的其他内容
print(content1)
print(content2)
f.close()                   # 关闭文件
```

运行结果如下：

```
first line：第一行
second line：第二行
third line：第三行
```

说明：open() 函数以只读模式打开文件，文件指针放在文件的开头。read(13) 表示读取 13 字节（first 后面有一个空格），read() 表示读取文件中的其他内容。如果以二进制形式打开文件，则 read() 方法表示按照字节进行读取，而不是按照字符进行读取。

close() 方法的功能是关闭已打开的文件。当文件被关闭后，不能再对其进行读取与写入。

2）readline() 方法

readline() 方法的主要功能是按行读取文件内容，语法格式如下：

```
文件对象.readline()
```

使用 readline() 方法按行读取并显示 a.txt 文件内容，代码如下：

```
f=open('a.txt','r')
while True:
    line=f.readline()       # 按行读取文件内容
    if line=='':
        break
    print(line,end='')
f.close()
```

运行结果如下：

```
first line：第一行
second line：第二行
third line：第三行
```

说明：由于 print() 函数默认换行输出，因此为了避免出现两次换行的情况，这里将 end 参数设置为空字符串。

3）readlines() 方法

readlines() 方法的主要功能是一次性读取文件中的全部内容，并且返回一个列表，文件中每一行的内容构成列表中的一个元素，语法格式如下：

```
文件对象.readlines()
```

按照行的方式一次性读取 a.txt 文件中的全部内容并显示，代码如下：

```
f=open('a.txt','r')
lines=f.readlines()                    # 按照行的方式一次性读取文件中的全部内容
print(lines)
for line in lines:
    print(line,end='')
f.close()
```

运行结果如下:

```
['first line:第一行 \n', 'second line:第二行 \n', 'third line:第三行 \n']
first line:第一行
second line:第二行
third line:第三行
```

4) seek() 方法

不管以哪种模式使用 open() 函数打开文件,文件指针都会指向文件的某一位置,但可能这个位置并不符合用户的实际需求,从而影响对文件内容的读取。对此,可以使用 Python 中提供的 seek() 方法来改变文件指针的位置,从而获取或者更改想要的文件内容。seek() 方法的主要功能是改变文件指针的位置,语法格式如下:

文件对象 .seek(偏移量 , 起始位置)

- 偏移量:文件指针相对于文件的起始位置移动的字节数。
- 起始位置:起始位置的值可以是 0、1、2,其中 0 表示文件的开头,1 表示当前位置,2 表示文件的结尾,默认值为 0。

2. 文件的写入

文件的写入需要使用 write() 方法来实现,语法格式如下:

文件对象 .write(写入内容)

向文件中写入字符串,示例代码如下:

```
f=open('a.txt','a',encoding='utf-8')
f.write('fourth line:第四行 ')         # 写入内容
f.close()
```

说明:这里是在文件的结尾追加内容,故使用 a 追加模式,而不是 w 只写模式。如果使用只写模式,则文件中的原内容会被覆盖。

文件的操作除了上面介绍的 read() 方法、readline() 方法、readlines() 方法、seek() 方法、tell() 方法、write() 方法等常用方法,其他常用方法如表 8-2 所示。

表 8-2 文件的其他常用方法

方法	说明
flush()	将缓存内容写入文件,但不关闭文件
truncate([size])	删除当前指针到文件结尾的内容。如果指定了 size,则无论指针在什么位置,都只能留下前 size 字节,删除其他内容
writelines(s)	将字符串流写入文件,不添加换行符。

通过前面的学习,可以了解文件的常用操作方法。但是,以上方法的操作对象以文本文件为主。在人们的日常生活中,除了文本文件,还有很多二进制文件,如图像文件、视频文件、数据库文件等。Python 中提供了 struct、pickle 等模块来操作二进制文件。这里以 struct 模块

为例，介绍模块中常用的方法，并通过两个示例来介绍如何使用 struct 模块读取与写入二进制文件。

struct 模块中有 3 个常用的方法，如表 8-3 所示；struct 模块支持的格式字符如表 8-4 所示。

表 8-3 struct 模块中 3 个常用的方法

方法	说明
pack(fmt, v1, v2, ...)	按照给定的 fmt 格式，把 v1、v2 封装成字符串，并返回该字符串
unpack(fmt, string)	按照给定的 fmt 格式解析 string，返回解析出来的元组
calcsize(fmt)	计算给定的 fmt 格式占用多少字节的内存

表 8-4 struct 模块支持的格式字符

格式字符	数据类型	大小（字节）
b/B	整数	1
h/H	整数	2
i/I/l/L	整数	4
q/Q	整数	8
?	布尔值	1
f	浮点数	4
d	浮点数	8
s	字符串	-

说明：q 和 Q 只在 64 位操作系统上有效，表示 8 位整数；在常用的格式字符中，除 s 外，其他格式字符前面加上数字都表示个数，如 5i 表示 5 个整数；在 s 前面加上数字表示对应字符串的长度，如 4s 表示一个字符串，该字符串的长度为 4。

新建一个 org.dat 文件，使用 struct 模块向文件中以二进制形式写入 10 个整数，每个整数占 4 字节，示例代码如下：

```
import random
import struct
random.seed(12)
f=open('org.dat','wb')
for i in range(10):
    x=random.randint(0,50)          # 随机生成一个 0～50 的整数
    f.write(struct.pack('i',x))
f.close()
```

读取并输出 org.dat 文件内容，示例代码如下：

```
import struct
f=open('org.dat','rb')
while True:
    t=f.read(4)                     # 每次读取 4 字节
    if not t:                       # 读取到文件的结尾，退出循环
        break
    x=struct.unpack('i',t)
```

```
    print(x[0],end=' ')
f.close()
```

运行结果如下：

30 17 42 33 42 22 9 24 0 23

说明：因为 org.dat 文件中的内容是以 4 字节为单位的，所以将 read() 方法中的参数设置为 4；在读取文件内容时，需要判断是否读取到文件的结尾；如果读取到文件的结尾，则 read() 方法返回的数据不能使用 unpack() 方法进行处理。

在操作文件时，经常会进行文件的打开、读取写入、关闭等一系列操作。其实，前面对文件进行操作的代码是伪代码。在一般情况下，用户会搭配使用文件操作和异常处理代码，例如：

```
try:
    p=open('test.txt','w',encoding='utf-8')
    p.write('I Like Python')
except Exception as e:
    p=open('test.txt','r',encoding='utf-8')
    print(' 文件以只读模式打开 ')
    s=p.read()
    print(f' 文件中的内容：{s}')
finally:
    p.close()
    print(' 已关闭文件 ')
```

运行结果如下：

文件以只读模式打开
文件中的内容：这是一个测试文件！
已关闭文件

说明：根据运行结果可知，程序在运行的过程中出现了异常。这种异常是 text.txt 文件没有写入权限导致的，即不能以写入模式打开文件；虽然在程序的执行过程中出现了异常，但是由于程序中使用了异常处理语句，因此文件仍然能够正常关闭。

其实，在 Python 中通过内置 with 语句，可以简化代码。with 语句适用于文件操作，原因在于当使用 with 语句时，用户只需要关心文件的打开、读取与写入等操作，而文件的关闭则会由 with 语句自动完成，这在某种程度上减小了开发人员疏忽导致程序出错的可能性。with 语句的语法格式如下：

```
with 表达式 as 变量：
    具体的操作语句
```

- 表达式：使用 open() 函数打开文件的表达式。
- 变量：open() 函数返回的文件类型变量。

使用 with 语句读取文件内容，示例代码如下：

```
with open('a.txt','r') as f:
    lines=f.readlines()
    print(lines)
    for line in lines:
        print(line,end='')
```

8.2 文件的系统级操作

从某种意义上来看，用户操作计算机其实就是操作文件和目录。Python 提供了 os 模块（Python 访问操作系统功能的主要接口）实现与文件、目录的交互。下面对 os 模块的相关内容进行介绍。

1. 文件/文件夹的重命名

文件/文件夹的重命名可以使用 os 模块中的 rename() 函数来实现。rename() 函数也可实现文件的移动，语法格式如下：

os.rename(src,dst)

- src：要进行重命名的文件或者目录的路径。
- dst：重命名后的文件或者目录的路径。

说明：在使用 os 模块前，需要先使用 import 语句导入模块，之后才可以使用模块中的函数；如果 src 和 dst 的路径一致，则表示对文件或者目录的路径进行重命名；如果不一致，则表示将原文件/文件夹移动到新的路径下，并进行重命名。

2. 文件的删除

os 模块中的 remove() 函数用于删除文件，语法格式如下：

os.remove(path)

path 用于指定待删除的文件。

将 testA 文件夹重命名为 "testB"，并删除文件夹中的 test1.txt 文件，代码如下：

```
>>>import os
>>>os.rename('testA','testB')          # 将 testA 文件夹重命名为 "testB"
>>>os.remove('./testB/test1.txt')      # 删除文件夹中的 test1.txt 文件
```

3. 文件的复制

在 Python 中，复制文件有两种方法。一是通过 shutil 模块实现文件的复制，二是通过 read() 方法和 write() 方法实现文件的复制。

这里使用 read() 方法和 write() 方法实现文件的复制，示例代码如下：

```
f1=open('a.txt','r')              # 打开要复制的文件
f2=open('a_copy.txt','w')         # 创建复制文件
while True:
    s=f1.read(1024)
    if len(s)==0:                 # 判断文件是否读取结束
        break
    f2.write(s)                   # 将文件内容写入复制文件
f1.close()
f2.close()
```

4. 获取当前目录

os 模块中的 getcwd() 函数用于获取当前目录，语法格式如下：

os.getcwd()

示例代码如下：

```
>>> import os
```

```
>>> os.getcwd()   # 获取当前目录
'C:\\Users\\sj'
```

5. 改变默认目录

os 模块中 chdir() 函数用于改变当前目录，语法格式如下：

os.chdir(path)

path 表示要改变的目录。

示例代码如下：

```
>>> os.chdir('g:\\Python')        # 改变默认目录
>>> os.getcwd()                    # 改变后的默认目录
'g:\\Python'
```

6. 获取目录列表

在 Python 中可以使用 os.listdir() 函数获取指定目录下的文件，返回的是列表，语法格式如下：

os.listdir(path)

path 表示要获取的目录。如果 path 缺省，则表示当前文件所在目录。

示例代码如下：

```
>>> os.chdir('C:\\Users\\sj\\Desktop\\Python\\testfile')
>>> os.listdir()
['.vscode', '8-1test.py', '8-2test.py', '8-3test.py', 'a.txt', 'a_copy.txt', 'testB']
```

7. 创建目录

os 模块中的 mkdir() 函数用于创建目录，语法格式如下：

os.mkdir(path)

path 表示要创建的目录。

示例代码如下：

```
>>> os.listdir()                  # 获取当前目录列表
['.vscode', '8-1test.py', '8-2test.py', '8-3test.py', 'a.txt', 'a_copy.txt', 'testB']
>>> os.mkdir('mynewdir')          # 创建目录
>>> os.listdir()                  # 查看目录是否创建成功
['.vscode', '8-1test.py', '8-2test.py', '8-3test.py','a.txt', 'a_copy.txt', 'mynewdir', 'testB']
```

说明：如果需要创建多级目录，则可以使用 os 模块中的 makedirs() 函数来实现，示例代码如下：

```
>>> os.makedirs('mydir\mysubdir')  # 创建二级目录
>>> os.listdir()
['.vscode', '8-1test.py', '8-2test.py', '8-3test.py','a.txt', 'a_copy.txt', 'mydir', 'mynewdir', 'testB']
```

8. 删除目录

在 os 模块中，有两个函数可以用于删除目录。一是 rmdir() 函数，只能用于删除空目录；二是 removedirs() 函数，用于删除多级目录。两个函数的语法格式分别如下：

os.rmdir(path)

removedirs(path)

path 表示要删除的目录。

示例代码如下：

```
>>> os.listdir()              # 获取当前目录列表
['.vscode', '8-1test.py', '8-2test.py', '8-3test.py','a.txt', 'a_copy.txt', 'mydir', 'mynewdir', 'testB']
>>> os.rmdir('mynewdir')
>>> os.rmdir('mydir')         # 由于目录不是空的，因此删除报错
Traceback (most recent call last): File "<stdin>", line 1, in <module> OSError: [WinError 145] 目录不是空的
>>> os.removedirs('mydir\mysubdir')
>>> os.listdir()              # 获取删除后的目录列表
['.vscode', '8-1test.py', '8-2test.py', '8-3test.py', 'a.txt', 'a_copy.txt', 'mynewdir', 'testB']
```

在 os 模块中，除了上面介绍的常用函数，还有 os.path 子模块。os.path 子模块主要用于操作文件与目录的路径，其常用操作函数如表 8-5 所示。

表 8–5　os.path 子模块的常用操作函数

函数	说明
abspath(path)	返回所给目录的绝对路径
split(path)	分隔文件名与目录，返回文件名、目录的二元组
splitext(path)	分隔文件的扩展名，返回目录、扩展名的二元组
exists(path)	判断指定目录是否存在，返回 True 或 False
isabs(path)	判断指定目录是否是绝对路径
isdir(path)	判断指定目录是否存在且是一个目录，返回 True 或 False
isfile(path)	判断指定目录是否存在且是一个文件，返回 True 或 False

案例分析与实现

案例分析

在进行文件备份时，首先需要接收用户输入的文件名，然后分析并确定备份文件名，最后新建备份文件，写入备份数据完成文件备份。需要注意：（1）用户输入的内容具有一定的随意性，输入的需要备份的文件名可能是无效的，如 .doc；（2）用户输入的需要备份的文件名有可能是不存在的。

案例实现

代码如下：

```
old_name=input(' 请输入需要备份的文件名：')         #用户输入需要备份的原文件名
index=old_name.rfind('.')
if index>0:                                         # 当输入的需要备份的文件名无效时进行的处理
    new_name=old_name[:index]+'_ 备份 '+old_name[index:]
    try:                                            # 当输入的需要备份的文件名不存在时进行的处理
        old_f=open(old_name,'rb')
    except Exception as e:
        print(' 输入的需要备份的文件名不存在！')
```

```
        else:
            new_f=open(new_name,'wb')
            while True:                          #需要备份的文件大小不确定，使用循环语句进行处理
                con=old_f.read(1024)
                if len(con)==0:                  #判断文件是否读取完毕
                    break
                new_f.write(con)
            old_f.close()
            new_f.close()
    else:
        print('输入的需要备份的文件名无效！')
```

本章小结

本章通过文件备份这个案例，引出文件处理的基本知识。不仅介绍了文件的读取与写入等应用级操作方法，还讲解了利用 os 模块对文件进行系统级操作的方法。通过本章的学习，学生能够全面了解文件的应用级与系统级操作方法。

课后训练

一、填空题

1．文件对象的_____方法用来把缓冲区的内容写入文件，但是并不关闭文件。
2．os 模块的_____函数用来返回文件夹中所有文件和子文件的列表。

二、选择题

1．以下不能用于读取 Python 中文件的是（　　）方法。
　　A．read()　　　　　　　　　　B．readline()
　　C．readlines()　　　　　　　　D．readtext()
2．打开一个已有文件，在文件的结尾追加信息，正确的打开模式为（　　）。
　　A．r　　　　B．w　　　　C．a　　　　D．w+
3．假设 file 是一个文件对象，（　　）方法用于读取 file 中的一行内容。
　　A．read()　　　　　　　　　　B．read(100)
　　C．readline()　　　　　　　　D．readlines()
4．执行 open("test.txt", "w") 语句所打开的文件应该在（　　）下。
　　A．C 盘的根目录　　　　　　　B．D 盘的根目录
　　C．Python 的安装目录　　　　 D．程序所在的目录
5．关于 Python 对文件的处理，以下描述错误的是（　　）。
　　A．当文件以文本文件格式打开时，按照字节流的方式读取写入文件

B. Python 能够以文本文件和二进制文件两种格式打开并处理文件

C. Python 通过解释器内置的 open() 函数打开一个文件

D. 在使用结束后，需要通过 close() 方法关闭文件，以释放文件的使用授权

6. 以下选项中，（　　）不是 Python 对文件的打开模式。

A. w　　　　　　B. r　　　　　　C. +　　　　　　D. c

7. 已知代码如下：

```
fname = input(" 请输入要打开的文件 : ")
fi = open(fname, "r")
for line in fi.readlines():
    print(line)
fi.close()
```

以下描述错误的是（　　）。

A. 通过 readlines() 方法将文件的全部内容读入一个 fi 字典

B. 用户输入文件目录，以文本文件格式读取文件内容并逐行输出

C. 通过 readlines() 方法将文件的全部内容读入一个 fi 列表

D. readlines() 方法可以优化为 fi

8. 关于 Python 的文件打开模式，以下描述错误的是（　　）。

A. a 模式用于追加式写入

B. n 模式用于创建新文件并写入

C. w 模式用于覆盖式写入

D. r 模式用于只读

三、简答题

1. 简单叙述文本文件和二进制文件的区别。
2. 概括文件操作的一般步骤。
3. 简单叙述 open() 函数包括哪几种访问模式，以及各模式分别有什么特点。

四、程序设计题

假设有一个文件，请编写程序，对文件进行读取与写入操作。

第 9 章

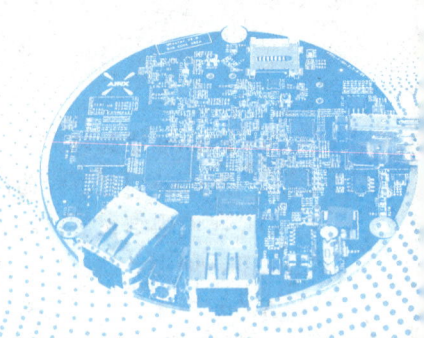

学生信息管理系统之数据库操作

案例描述

学生信息管理系统主要对学生信息进行管理,这些信息数据都存放在数据库的表格中。要求编写程序实现对数据库中数据的访问和操作。

知识准备

程序在运行时,数据都是存储在内存中的。而当程序终止时,通常需要将数据存储到磁盘中。实际上,无论是将数据存储到本地磁盘中,还是通过网络存储到服务器中,数据最终都会被写入磁盘文件。当数据量变大且复杂程序增加时,单纯地将数据存储到磁盘中已经无法满足程序高效运行的要求了。数据库技术的出现解决了这个问题。数据库不仅支持各种数据的长期存储,还支持各种跨平台与跨地域的数据查询、数据共享及数据修改,极大地方便了人们的生活和工作。因此,熟悉数据库技术,同时掌握使用 Python 访问数据库的方法是学习 Python 应用开发的目标之一。

9.1 Python 数据库开发简介

数据库是指长期存储在计算机内部的、有组织的、可共享的数据集合。数据库中的数据按照一定的规则组织、描述和存储,具有较低的冗余性,以及较高的数据独立性和易扩展性,并可被各类用户共享。在一般情况下,数据库与数据库管理系统一起被应用。数据库管理系统是为管理数据而设计的软件系统,一般具有查询、存储、安全管理等功能。

任何应用程序的开发均涉及数据存储问题。通过数据库存储数据,可以大大提高数据存储及取用的便利性与安全性。同时,Python 支持多种数据库,如 MySQL,SQLite,MongoDB 等。

在开发数据库时,需要根据实际问题的数据规模和需求,选择合适的数据库。对于结构化数据,Oracle 多用于处理超大型数据,MySQL 多用于处理大型与中型数据,而 SQLite 和 Access 则多用于处理小型数据, 其中 Oracle、MySQL 和 Access 需要额外安装,而 SQLite 已经内置在 Python 中,可以直接使用。对于非结构化数据,Python 也支持 NoSQL 和 MongoDB 等数据库。本章主要介绍如何使用 Python 操作 SQLite 和 MySQL 两类数据库。

Python 需要通过数据访问接口 Python DB API 访问数据库。学生在学会 API 的使用方法后,也就学会了如何使用 Python 操作数据库。而且由于不同的 Python DB API 使用流程基本相同,因此开发人员只要学会一种数据库的访问,就可以扩展到其他数据库。Python DB API 的使用流程如下。
(1) 导入模块。
(2) 建立与数据库的连接。
(3) 创建游标对象。
(4) 执行数据库语句。
(5) 关闭数据库连接。

9.2 SQLite

9.2.1 SQLite 简介

SQLite 是一类轻型的数据库，整个数据库都存储在计算机的一个单一文件中，是实现了自给自足、无服务器、零配置、事务性的 SQL 数据库引擎。这意味着不需要在系统中对 SQLite 进行额外配置，操作十分方便，不仅减少了系统管理数据的开销，而且有很好的可移植性。SQLite 占用的资源非常少，在嵌入式设备中，可能只需要几百 kB 的内存就够了。SQLite 能够支持 Windows、Linux、UNIX 等主流的操作系统，同时能够与多种程序语言相结合，如 Python、PHP、Java 等。

9.2.2 SQLite 操作

1. 导入模块

因为 Python 中内置了 sqlite3 模块，所以 Python 在使用 SQLite 时不需要再安装额外的模块，直接导入 sqlite3 模块即可，代码如下：

```
import sqlite3
```

2. 建立与数据库的连接

要操作数据库，需要先建立与数据库的连接。连接 sqlite3 模块的代码如下：

```
conn = sqlite3.connect('example.db')
```

因为 sqlite3 模块是以文件的方式存储数据库的，所以通过数据库名来创建或打开数据库文件。如果指定的数据库名已经存在，则直接与该数据库建立连接；如果不存在，则会先在目录中创建一个 example.db 文件，然后建立连接。

在与数据库建立连接后，将生成一个 connection 对象，该对象是 sqlite3 模块中最基本、最重要的一个类，其常用方法如表 9-1 所示。

表 9–1 connection 对象的常用方法

方法	说明
commit()	提交当前事务
rollback()	回滚自上一次调用 commit() 方法以来对数据库所做的更改
close()	关闭数据库连接。需要注意的是，在关闭数据库连接时不会自动调用 commit() 方法。如果之前未调用 commit() 方法，则直接关闭数据库连接，所做的所有更改将全部丢失

3. 创建游标对象

在连接数据库后,需要创建游标对象。数据库中的所有操作,都是基于游标对象的。可以通过 connection 对象提供的 cursor() 方法创建游标对象,代码如下:

cur = conn.cursor()

由于游标对象涉及数据库的所有操作,因此十分重要,其常用方法如表 9-2 所示。

表 9-2 游标对象的常用方法

方法	说明
cursor()	创建游标对象
execute(sql)	执行一条 sql 语句
executemany(sql)	对 seq_of_parameters 中的所有参数或映射执行一条 sql 语句
executescript(sql_script)	执行多条 sql 语句,首先执行 commit 语句,然后执行作为参数传入的 sql 语句。所有的 sql 语句应该使用 ";" 分隔
fetchone()	获取查询结果集中的下一行,返回一个单一的序列。当没有更多可用的行时,返回 None
fetchmany([size])	获取查询结果集中的下一行,返回一个列表。当没有更多可用的行时,返回一个空列表
fetchall()	获取查询结果集中的所有(剩余)行,返回一个列表。当没有更多可用的行时,返回一个空列表

4. 执行数据库语句

在 Python 中,可以通过游标对象的 execute() 方法或 executemany() 方法执行一条或多条数据库语句,示例代码如下:

```
# 创建学生信息表
cur.execute("create table students(id integer primary key,name text,age integer)")
# 插入数据
cur.execute('insert into students values(1,"jack",20)')
# 使用 "?" 作为占位符
cur.execute('insert into students values(?,?,?)',(2,"tom",19))
# 使用变量名作为占位符
cur.execute('select * from students where name=:name', {"name":'tom'})
# 提交事务
conn.commit()
# 获取所有查询结果
print(cur.fetchall())
# 获取一条查询结果
print(cur.fetchone())
```

5. 关闭数据库连接

在操作完数据库之后,需要关闭创建的游标对象和与数据库的连接,分别执行 close() 方法,语法格式如下:

cur.close()
conn.close()

在关闭数据库连接后,就无法再进行数据库操作。在下次使用时,需要重新建立连接,并创建游标对象。

如果使用完数据库后忘记关闭连接,则程序执行过程中占用的内存不会被释放,长期积累会导致内存泄漏。

如果不想每次手动关闭与数据库的连接，则可以通过 with 语句，在执行完数据库操作后自动将连接关闭，示例代码如下：

```
with sqlite3.connect("example.db") as conn:
    cur = conn.cursor()
    cur.execute(…)
```

9.3 MySQL

9.3.1 MySQL 简介

MySQL 是一个非常流行的关系型数据库管理系统（Relational Database Management System，RDBMS），由瑞典 MySQL AB 公司开发，属于 Oracle 旗下产品。MySQL 采用了双授权政策，分为社区版和商业版。考虑到 MySQL 具有体积小、速度快、成本低，尤其是开放源码的优势，一般中小型和大型网站的开发都选择 MySQL 作为网站数据库。

9.3.2 MySQL 操作

1. 导入模块

Python 在操作 MySQL 之前需要先安装第三方模块 pyMySQL。pyMySQL 是在 Python 3.x 版本中用于连接 MySQL 服务器的一个模块。安装 pyMySQL 模块，代码如下：

```
pip install pyMySQL
```

导入 pyMySQL 模块，代码如下：

```
import pyMySQL
```

2. 建立与数据库的连接

在连接数据库之前需要确定已经创建了数据库，并知道连接数据库的用户名与密码。在连接数据库时，需要添加连接参数。pyMySQL 模块连接数据库的常用参数如表 9-3 所示。

表 9-3 pyMySQL 模块连接数据库的常用参数

参数	说明
host	数据库地址，本机地址可使用 localhost
port	端口号，默认值为 3306
user	数据库登录用户名
password	数据库登录密码
database	数据库名
charset	字符编码

连接数据库，代码如下：

```
conn = pyMySQL.connect(host ='localhost', port = 3306, user = 'root', password ='root', database ='test', charset = 'utf8')
```

数据库连接对象的常用方法如表 9-4 所示。

表 9-4 数据库连接对象的常用方法

方法	说明
cursor()	创建游标对象
commit()	提交事务
rollback()	回滚事务
close()	关闭数据库连接

3. 创建游标对象

通过 connection 对象提供的 cursor() 方法创建游标对象，语法格式如下：

cur = conn.cursor()

游标对象的常用方法如表 9-5 所示。

表 9-5 游标对象的常用方法

方法	说明
execute(self, query, args)	执行一条 sql 语句，接收的参数为 sql 语句本身和使用的参数列表，返回值为受影响的行数
executemany(self, query, args)	执行一条 sql 语句，重复执行参数列表中的参数，返回值为受影响的行数
close()	关闭游标对象
nextset(self)	移动到下一个结果集
fetchall(self)	接收返回的全部结果行
fetchmany(self, size=None)	接收返回的结果行（数量为 size）。如果 size 的值大于返回的结果行的数量，则返回 cursor.arraysize 条数据
fetchone(self)	从查询结果集中返回下一行

4. 执行数据库语句

创建数据表，代码如下：

```
import pyMySQL
conn = pyMySQL.connect(host="localhost",
        user="root",
        passwd="root",
        db="test",
        port=3306,
        charset="utf8")
cursor = conn.cursor()
cursor.execute("DROP TABLE IF EXISTS salary")
tablesql = " " "CREATE TABLE salary (
    id varchar(10) not null,
    firstname  varchar(20) not null,
    lastname  varchar(20),
    age int,
    sex varchar(1),
```

```
    salary float ) """
cursor.execute(tablesql)
conn.commit()
cursor.close()
conn.close()
```

添加数据，代码如下：

```
import pyMySQL
def conn(hostaddress,username,password,dbname):
    try:
        conn = pyMySQL.connect(host=hostaddress,
            user=username,
            passwd=password,
            db=dbname,
            port=3306,
            charset="utf8")
    except Exception as err:
        print(err)
    return conn
conn=conn("localhost", "root", "root", "test")
cursor = conn.cursor()
insertsql="""INSERT INTO salary(id,first_name,
    last_name, age, sex, salary)
    VALUES ('1111','xu', 'xiaoming', 20, 'M', 2000)"""
try:
    cursor.execute(insertsql)
    conn.commit()
except Exception as err:
    print(err)
cursor.close()
conn.close()
```

查询数据，代码如下：

```
conn=conn("localhost", "root", "root", "test")
cursor = conn.cursor()
sql = "SELECT * FROM salary WHERE salary >%s"
try:
    cursor.execute(sql, (2000))
    # 获取所有记录列表
    results = cursor.fetchall()
    print(cursor.rowcount)
    for row in results:
        sid=row[0]
        fname = row[1]
        lname = row[2]
        age = row[3]
        sex = row[4]
```

```
        income = row[5] # 输出结果
        print("id={}, fname={}, lname={}, age={}, sex={}, salary={}".format(sid, fname, lname, age, sex, income))
except:
    print("Error: unable to fetch data")
cursor.close()
conn.close()
```

5. 关闭数据库连接

与 SQLite 一样，MySQL 也可以通过 close() 方法关闭游标对象和数据库连接，代码如下：

```
cur.close()
conn.close()
```

案例分析与实现

案例分析

为了实现通过学生信息管理系统对数据库中的数据进行访问和操作，需要先设计学生信息管理系统数据库。根据系统需求，通过 sqlite 数据库来管理学生数据。数据库中的数据表主要为学生信息表，其结构如表 9-6 所示。

表 9-6 学生信息表的结构

字段名	数据类型	长度	主键	说明
id	Integer	-	是	序号
name	text	20	-	姓名
sex	Text	20	-	性别
age	Text	20	-	年龄
phone	text	20	-	电话

案例实现

1. 学生信息管理系统界面设计

学生信息管理系统的主要功能包括添加学生信息、删除学生信息、修改学生信息、显示学生信息与退出系统，系统实现代码如下：

```
def showMenu():
    print("1. 添加学生信息 ")
    print("2. 删除学生信息 ")
    print("3. 修改学生信息 ")
    print("4. 显示学生信息 ")
    print("0. 退出系统 ")
    select = eval(input(" 操作："))
    return select
```

在运行系统时，需要判断是否已经存在学生信息表，如果不存在则需创建学生信息表，同时监控用户的操作，代码如下：

```python
# 主要运行函数
def main():
    while True:
        # 建立与数据库的连接，如果数据库不存在，则默认在当前目录下创建新数据库
        conn = sqlite3.connect("student.db")
        # 创建游标对象
        cur = conn.cursor()
        # 创建数据表
        cur.execute("""
            create table if not exists info(
                id integer primary key autoincrement,
                name text(20),
                sex text(20),
                age text(20),
                phone text(20)
            )
        """)
        # 提交事务
        conn.commit()
        # 关闭游标对象
        cur.close()
        # 关闭数据库连接
        conn.close()
        # 显示菜单
        select = showMenu()
        if select == 1:
            addStudent()
        elif select == 2:
            delStudent()
        elif select == 3:
            reviseStudent()
        elif select == 4:
            showStudent()
        elif select == 0:
            # 退出系统
            break
        else:
            print(" 输入有误！请重新操作！ ")
            continue
```

2. 添加学生信息

输入"1"，进入添加学生信息功能模块。输入学生个人信息，如图 9-1 所示。

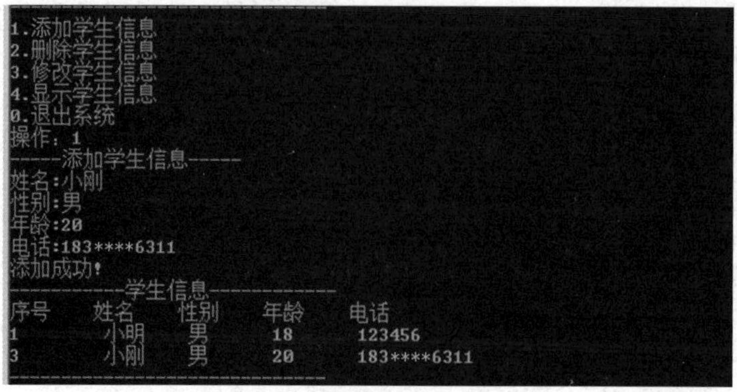

◎ 图 9-1 输入学生个人信息

添加学生信息代码如下：

```python
# 添加学生信息
def addStudent():
    print("----- 添加学生信息 -----")
    name = input(" 姓名： ")
    sex = input(" 性别： ")
    age = input(" 年龄： ")
    phone = input(" 电话： ")
    conn = sqlite3.connect("student.db")
    cur = conn.cursor()
    cur.execute("insert into info (id,name,sex,age,phone)values (null,?,?,?,?)",(name,sex,age,phone))
    conn.commit()
    cur.close()
    conn.close()
    print(" 添加成功 !")
    showStudent()
```

3. 删除学生信息

输入"2"，进入删除学生信息功能模块。输入要删除的学生序号并删除该学生的信息，如图 9-2 所示。

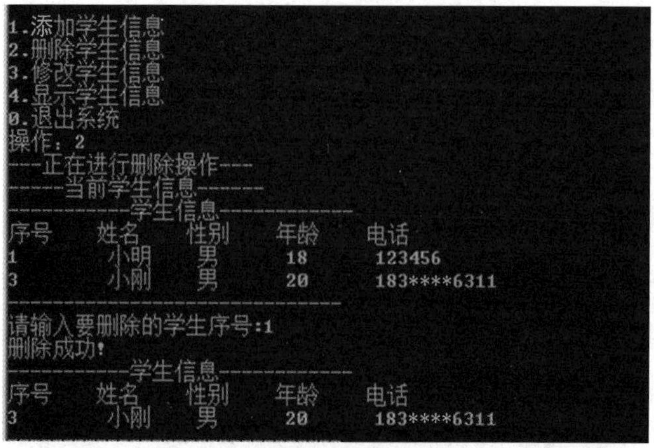

◎ 图 9-2 输入要删除的学生序号并删除该学生的信息

删除学生信息代码如下：

```python
# 删除学生信息
def delStudent():
    print("--- 正在进行删除操作 ---")
    print("----- 当前学生信息 ------")
    showStudent()
    select = eval(input(" 请输入要删除的学生序号："))
    # 建立与数据库的连接，进行删除操作
    conn = sqlite3.connect("student.db")
    cur = conn.cursor()
    cur.execute("delete from info where id = ?",(str(select)))
    conn.commit()
    cur.close()
    conn.close()
    print(" 删除成功！")
    showStudent()
```

4. 修改学生信息

输入"3"，进入修改学生信息功能模块。首先输入要修改的学生序号，然后输入要修改的信息序号，最后输入新的信息。修改学生信息如图9-3所示。

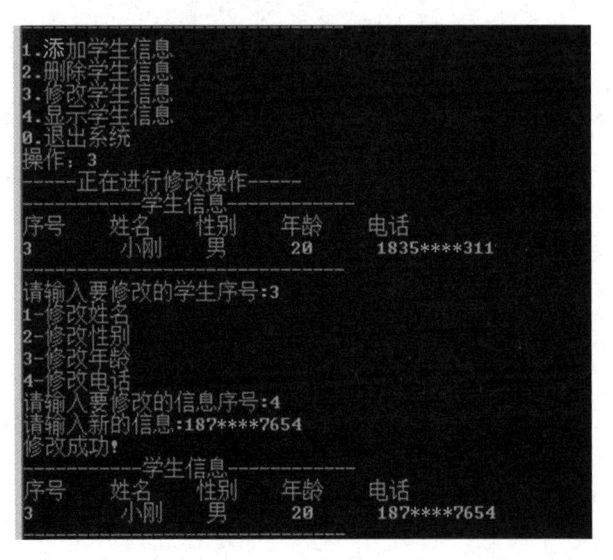

◎ 图9-3　修改学生信息

修改学生信息代码如下：

```python
# 修改学生信息
def reviseStudent():
    print("----- 正在进行修改操作 -----")
    showStudent()
    num = eval(input(" 请输入要修改的学生序号："))
    print("1- 修改姓名 \n2- 修改性别 \n3- 修改年龄 \n4- 修改电话 ")
    revisenum = eval(input(" 请输入要修改的信息序号："))
    newstr = input(" 请输入新的信息：")
```

```python
# 建立与数据库的连接，进行修改操作
conn = sqlite3.connect("student.db")
cur = conn.cursor()
if revisenum == 1:
    cur.execute("update info set name = ? where id = ?",(str(newstr),str(num)))
    conn.commit()
    cur.close()
    conn.close()
    print(" 修改成功 !")
    showStudent()
elif revisenum == 2:
    cur.execute("update info set sex = ? where id = ?", (str(newstr), str(num)))
    conn.commit()
    cur.close()
    conn.close()
    print(" 修改成功 !")
    showStudent()
elif revisenum == 3:
    cur.execute("update info set age = ? where id = ?", (str(newstr), str(num)))
    conn.commit()
    cur.close()
    conn.close()
    print(" 修改成功 !")
    showStudent()
elif revisenum == 4:
    cur.execute("update info set phone = ? where id = ?", (str(newstr), str(num)))
    conn.commit()
    cur.close()
    conn.close()
    print(" 修改成功 !")
    showStudent()
else:
    # 如果 revisenum 输入有误，则修改失败
    print(" 修改失败！请输入正确的修改信息 !")
```

5. 显示学生信息

输入"4"，进入显示学生信息功能模块。显示数据表中的学生信息，如图 9-4 所示。

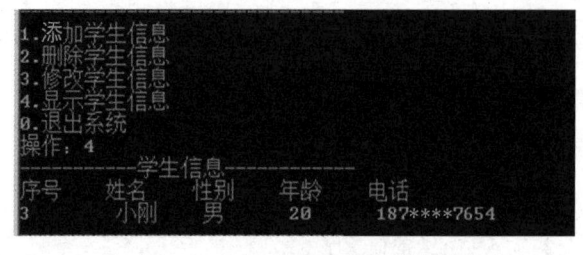

◎ 图 9-4　显示数据表中的学生信息

显示学生信息代码如下：

```python
# 显示学生信息
def showStudent():
    # 建立与数据库的连接，进行显示操作
    conn = sqlite3.connect("student.db")
    cur = conn.cursor()
    cur.execute("select * from info")
    data = cur.fetchall()
    if len(data) > 0 :
        print("---------- 学生信息 -----------")
        print(" 序号 \t 姓名 \t 性别 \t 年龄 \t 电话 ")
        for i in range(len(data)):
            print(data[i][0],'\t',data[i][1],'\t',data[i][2],'\t',data[i][3],'\t',data[i][4])
        print("----------------------------")
    else:
        print("---------- 学生信息表为空 -----------")
    cur.close()
    conn.close()
```

本章小结

本章通过学生信息管理系统案例，引出 Python 数据库开发的基本知识。详细介绍了 SQLite 及 MySQL 的操作，包括导入模块、建立与数据库的连接、创建游标对象、执行数据库语句及关闭数据库连接。通过本章的学习，学生可以熟练使用 Python 来操作不同的数据。

课后训练

一、填空题

1. Python 在操作 SQLite 时需要导入 _____ 模块。
2. Python 在通过 connect() 方法连接 MySQL 时，各项参数分别表示什么？host: _____； port: _____； user: _____； password: _____； database: _____。

二、选择题

1. 关于 Python 的数据库，以下描述错误的是（　　）。

    A．在 Python 中执行数据库相关操作时，需要安装支持对应数据库的模块，如 pyMySQL 模块。

B．创建数据库的操作不是通过 Python 代码实现的，而是通过数据库管理系统实现的。

C．Python 在操作数据库之前需要先建立与数据库的连接，在操作完成后需要关闭数据库连接，以免占用资源。

D．Python 在操作数据库时，不需要考虑事务性操作

2．在 Python 中，关于对数据库操作进行封装的描述错误的是（　　）。

A．封装后不需要每次都编写建立与数据库的连接的代码

B．可以重复使用封装的对象或方法

C．使用 with 语句可以简化连接的过程

D．使用 with 语句必须显示地包含一个关闭数据库连接的步骤

三、简答题

1．简述在 Python 中如何建立与 MySQL 的连接。
2．简述在 Python 中如何建立与 SQLite 的连接。
3．简述游标对象的作用。

四、程序设计题

使用 SQLite 创建一个学生信息数据表，包含学号、姓名、性别、年龄、班级、专业 6 类信息。

（1）向数据表中插入 10 条数据。

（2）查询所有学生信息。

（3）查询所有男生信息。

（4）统计每个专业的人数。

（5）删除年龄小于 18 岁的学生信息。

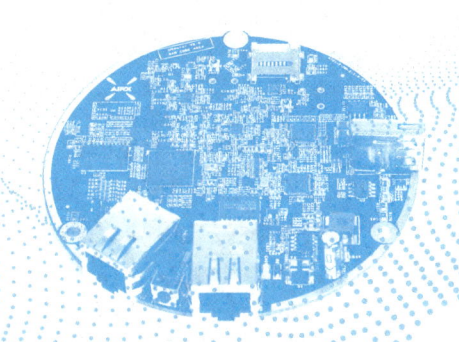

第10章

图书购买数据获取之网络爬虫

案例描述

当今社会,网络购物十分便捷。当人们想要购买一本图书时,自然而然地会想到访问一些购书网站,通过网站搜索想要购买的图书。但是,当输入图书关键字并单击搜索按钮之后,搜索出来的图书种类繁多,让人眼花缭乱,不知道该如何选择。针对这一情况,要求使用工具统一获取搜索到的结果,便于后续分析和选择。

知识准备

近年来,随着互联网技术的蓬勃发展,越来越多的信息被发布到互联网上。网络信息纷繁复杂,对这些信息进行合理处理与分析,可以得到更有价值的数据。这些信息存在于不同的网站,虽然可以通过搜索引擎查询数据,但人们熟悉的都是大型、通用型搜索引擎,如百度、谷歌等。这些搜索引擎虽然可以广泛获取网络数据,但是无法针对特定的目标和需求获取数据。加之网络信息越来越密集,数据结构越来越复杂,想要获取精确而又有效的数据越来越困难。为了解决网络数据采集的问题,网络爬虫技术应运而生。

10.1 认识网络爬虫

10.1.1 网络爬虫的概念

网络爬虫又被称为"网络蜘蛛""网络机器人",是一种按照一定的规则,自动地浏览、检索不同网页信息的程序或者脚本。如果将网络比作一个由多个节点构成的网状结构,则网络爬虫就像一只蜘蛛一样在该网状结构上爬行,在每个节点的位置按照预先编写的规则爬取并解析相应信息。

10.1.2 网络爬虫的分类

按照系统结构和实现技术,网络爬虫可以分为通用网络爬虫、聚焦网络爬虫、增量网络爬虫、深层网络爬虫。

(1)通用网络爬虫。该类网络爬虫主要应用于非垂直领域的搜索引擎中,爬行范围和爬行量非常大,对于爬行速度和存储空间要求较高,具有比较突出的应用价值。通用网络爬虫在爬行时会采取一定的爬行策略，主要有深度优先爬行策略和广度优先爬行策略。

（2）聚焦网络爬虫。近年来，网络信息资源呈指数级增长。面对用户越来越个性化的需求，聚焦网络爬虫选择性地爬取预先定义好的需求信息，不像通用网络爬虫那样将目标资源定位在整个互联网中，而是将目标资源定位在与主题相关的页面中，极大地节省了硬件和网络资源，满足特定人员的特定需求。聚焦网络爬虫的爬行策略主要有 4 种：基于内容评价的爬行策略、基于链接评价的爬行策略、基于增强学习的爬行策略和基于语境的爬行策略。

（3）增量网络爬虫。该类网络爬虫只在产生新的页面或者页面发生变化时才会进行爬取工作，可有效减小数据下载量、减少空间和时间消耗。

（4）深度网络爬虫。深度指深层页面。在互联网中，网页按照存在的方式，可以分为表层页面和深层页面，其中表层页面指的是不需要提交表单，仅使用静态链接就能够爬取的静态页面；而深层页面则是指隐藏在表单后面，不能通过静态链接直接爬取，需要注册并登录或者提交相应表单才能爬取的页面。

10.1.3 网络爬虫的合法性

网络爬虫技术的产生是为了以更便捷的方式为人们提供网络数据。由于网络爬虫技术是中立性的，因此其本身在法律上并不被禁止。只要网络爬虫像浏览器一样爬取的是前端显示的数据（网页上的公开信息）而不是网站后台的私密、敏感信息，就不用担心法律法规的约束。

互联网世界已经通过自己的游戏规则建立起一定的道德规范（Robots 协议）。在爬取网站时，需要限制自己的网络爬虫遵守 Robots 协议，同时控制网络爬虫程序爬取数据的速度；在使用数据时，必须尊重网站的知识产权，大多数网站允许将网络爬虫爬取的数据用于个人或科学研究。如果违反了以上规定，严重的将触犯法律。

10.1.4 Robots 协议

Robots 协议即"网络爬虫排除标准"，通过在网站根目录下放置一个 robots.txt 文件来告诉网络爬虫哪些页面内容可以爬取，哪些页面内容不可以爬取。但是 Robots 协议并不是防火墙，只是一份约定俗成的协议，没有强制执行力。网络爬虫程序应遵守这份协议，避免麻烦。

例如，访问 https://www.baidu.com/robots.txt，可查看百度设置的 Robots 协议，部分内容如图 10-1 所示。

```
User-agent: Baiduspider
Disallow: /baidu
Disallow: /s?
Disallow: /ulink?
Disallow: /link?
Disallow: /home/news/data/
Disallow: /bh

User-agent: Googlebot
Disallow: /baidu
Disallow: /s?
Disallow: /shifen/
Disallow: /homepage/
Disallow: /cpro
Disallow: /ulink?
Disallow: /link?
Disallow: /home/news/data/
Disallow: /bh
```

◎ 图 10-1　百度 Robots 协议的部分内容

在 Robots 协议中，User-agent 代表搜索引擎的类型；Disallow 代表禁止爬取指定目录下的内容；Allow 代表允许爬取指定目录下的内容。

10.2 HTTP 的概念

Web 客户端向服务器发送请求、接收数据的过程都依赖超文本传输协议（Hyper Text Transfer Protocol，HTTP），同样地，网络爬虫也离不开 HTTP。由于网络爬虫在爬取数据时会模拟整个 HTTP 通信过程，因此了解 HTTP 对于学习网络爬虫十分重要。

10.2.1 请求与响应过程

HTTP 通过请求与响应的交换达成通信。客户端向服务器发送请求，请求的内容包括请求的方法、统一资源定位符（URL）、协议版本、请求头部和请求数据。服务器接收请求并做出响应，响应的内容包括协议版本、请求成功或错误的代码、服务器信息、响应头部和响应数据。请求与响应过程如图 10-2 所示。

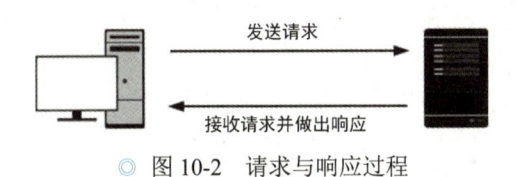

◎ 图 10-2　请求与响应过程

在客户端与服务器之间，请求与响应的具体步骤如下。
（1）客户端发起连接，与服务器的 HTTP 端口建立 TCP 套接字连接。
（2）客户端通过 TCP 向服务器发送一个文本的请求报文。
（3）服务器接收并解析请求，定位该次请求资源，并将资源副本写入 TCP 套接字，由客户端接收并读取内容。
（4）客户端解析响应数据，并在交互界面中显示其内容。

10.2.2 请求

HTTP 中定义的 8 种请求如表 10-1 所示。

表 10-1　HTTP 中定义的 8 种请求

请求	说明
GET	用于使用指定的 URL，在指定的服务器中检索信息，即从指定的资源中获取数据。发送 GET 请求应该只是检索数据，并且不会对数据产生其他影响
POST	用于将数据发送到服务器中以创建或更新资源。要求服务器确认请求中包含的内容，作为由 URL 区分的 Web 资源
HEAD	与 GET 请求相同，但没有响应数据，仅传输状态行和标题部分（响应头部）。这对于恢复响应头部编写的元数据非常有用，而无须传输全部内容
PUT	用于将数据发送到服务器中以创建或更新资源，可以用上传的内容替换目标资源中的所有当前内容

续表

请求	说明
DELETE	用于删除指定的资源，可以删除 URL 给出的目标资源中的所有当前内容
CONNECT	用于建立到给定 URL 的服务器隧道
OPTIONS	用于描述目标资源的通信选项，返回服务器支持预定义 URL 的 HTTP 策略
TRACE	用于沿着目标资源的路径进行消息环回测试。它响应接收的请求，方便用户查看中间服务器进行了哪些进度或增量

10.2.3 状态码

请求是否成功可以通过状态码来判断。状态码是用于表示网页服务器超文本传输协议响应状态的 3 位数字代码。状态码分类如表 10-2 所示，按照首位数字，可以分为 5 类状态码。

表 10-2 状态码分类

分类	说明
1**	表示请求被成功接收，需要请求者继续执行操作
2**	表示请求被成功接收并处理
3**	表示重定向，需要进一步操作以完成请求
4**	表示客户端错误，请求包含语法错误或无法完成请求
5**	表示服务器错误，服务器在处理请求的过程中发生了错误

每种状态码分类下都包含多个状态码，一共有 67 种。常见的状态码如表 10-3 所示。

表 10-3 常见的状态码

状态码	说明
200 OK	请求已被成功接收，请求所希望的响应头部或响应数据将随此响应返回
400 Bad Request	请求参数有误或语义有误，当前请求无法被服务器理解
401 Unauthorized	当前请求需要用户验证
403 Forbidden	服务器已经理解请求，但是拒绝执行该请求
404 Not Found	请求失败，请求所希望得到的资源在服务器上未被发现
500 Internal Server Error	服务器遇到了一个未曾预料的状况，导致无法完成对请求的处理
502 Bad Gateway	作为网关或者代理工作的服务器在尝试执行请求时，从上游服务器接收到无效的响应

10.3 HTML 的概念

超文本标记语言（Hyper Text Markup Language，HTML）是一种表示网页信息的符号标记语言。HTML 使用一套标记标签来描述网页；而浏览器的作用则是读取 HTML 文本，并以网页的形式显示出来。

HTML 的标记标签通常被称为"HTML 标签"，由尖括号"<>"与指定的关键字共同构成，如 <body>。HTML 标签通常是成对出现的，分别被称为"开始标签"和"结束标签"，

如 \<body>\</body>。常用的 HTML 标签如表 10-4 所示。

表 10–4 常用的 HTML 标签

标签	说明	标签	说明
\<h1> ~ \<h6>	标题标签，文字会变粗，字号依次变大	\<html>	表示这是一个 HTML 文本
\<p>	将 HTML 文本分割为若干个段落	\<body>	用来定义主体内容
\ 	强制换行	\<a>	用来表示链接，通过 href 属性指明具体的链接地址
\<div>	没有语义，用来布局	\<img>	用来表示图片，通过 src 属性指明图片所在的具体目录
\<form>	定义供用户输入的 HTML 表单	\<input>	定义输入控件
\<button>	定义按钮	\<select>	定义选择列表
\<ul>	定义无序列表	\<table>	定义表格

网络爬虫就是通过解析 HTML 标签获取相应的文本数据。在谷歌浏览器开发者工具的 Elements 面板中可以查看当前网页的 HTML 代码结构，如图 10-3 所示。

◎ 图 10-3 在 Elements 面板中查看当前网页的 HTML 代码结构

10.4 网页爬取

在网站设计中，纯粹 HTML 格式的网页通常被称为"静态网页"。静态网页是标准的 HTML 文件，它的文件扩展名是".htm"".html"，可以包含文本、图像、声音、FLASH 动画等。静态网页是网站建设的基础，早期的网站一般都是由静态网页制作的。静态网页通常没有后台数据库，由于页面中不包含程序，因此无法交互。

除了静态网页，很多网站使用 AJAX 等技术使网页显示的内容随着时间、环境或者数据库操作的结果而改变，这类网页被称为"动态网页"。

网页爬取就是向静态网页或动态网页发送请求，爬取并解析网页内容，基本流程如下。

（1）发送请求。通过 HTTP 模块向目标网页发送请求，即发送一个 Request 请求，请求可以包含额外的请求头部等信息。

（2）爬取响应内容。当服务器接收到请求并正常响应时，会得到一个 Response 响应，响应的内容是要爬取的页面内容，类型可能是 HTML 文本、JSON 字符串或二进制数据等。

（3）解析内容。服务器响应的页面内容类型如果是 HTML 文本，则可以用正则表达式、网页解析模块进行解析；如果是 JSON 字符串，则可以直接转换为 JSON 对象进行解析；如果是二进制数据，则可以存储下来或进行其他处理。

（4）存储数据。数据的存储形式多样，可以存储为数据库、文本文件或特定格式的文件。

10.4.1 发送请求

发送请求的过程包括请求生成、请求头部处理、超时设置、请求重试、状态码查看等。Python 中有多种用于发送请求的模块，其中常用的模块有 urllib3 和 requests。

1. urllib3

urllib3 是 Python 用于访问网页的第三方模块，是 urllib 的升级版，提供了很多新特性，包括线程安全、管理连接池、客户端 SSL/TLS 验证、使用分段编码上传文件、重试请求和 HTTP 重定向、支持压缩编码、支持 HTTP 和 SOCKS 代理等，测试覆盖率高达 100%。

1）安装

在 Windows 系统的 cmd 环境下，通过 pip 工具安装 urllib3，代码如下：

```
pip install urllib3
```

2）请求的发送

在使用 urllib3 发送请求时，需要先创建 PoolManager 对象（该对象是连接池对象），再通过该对象调用 request() 方法发送请求，语法格式如下：

```
request(method,url,fields=None,headers=None)
```

- method：必选参数，用于指定请求的方式，如 GET 请求、POST 请求、PUT 请求等。
- url：必选参数，用于指定要访问的 URL。
- fields：可选参数，设置请求的参数。
- headers：可选参数，请求头部。

以 https://www.tsinghua.edu.cn/xxgk/xxyg.htm 网站为例，向其发送 GET 请求，并返回该网站的响应，代码如下：

```python
import urllib3                                      # 导入 urllib3
url = ' https://www.tsinghua.edu.cn/xxgk/xxyg.htm '
http = urllib3.PoolManager()                        # 创建 PoolManger 对象
r = http.request('GET', url)                        # 发送 GET 请求
print(r.status)                                     # 输出状态码
print(r.data)                                       # 输出响应内容
```

在 request() 方法中，通过将 method 参数设置为 POST，将 fields 参数设置为字典类型的请求参数，就可以发送 POST 请求了，代码如下：

```python
import urllib3                                      # 导入 urllib3
url = 'https://www.httpbin.org/post'                # POST 请求测试地址
fields = {'name': ' 小张 ', 'age': 18}              # 定义字典类型的请求参数，此处可以随意定义进行测试
http = urllib3.PoolManager()                        # 创建 PoolManager 对象
r = http.request('POST', url, fields=fields)        # 发送 POST 请求
print(' 返回结果：', r.data.decode('utf-8'))
```

在 request() 方法中，headers 代表请求头部，接收一个字典类型的数据。请求头部主要目的是为本次请求添加浏览器信息。例如，在请求头部添加 User-Agent，并添加谷歌浏览器的相关信息，代码如下：

```python
import urllib3                                          # 导入 urllib3
url = ' https://www.tsinghua.edu.cn/xxgk/xxyg.htm '
headers = {'User-Agent': 'Mozilla/5.0 (Windows NT 10.0; Win64; x64) AppleWebKit/537.36 (KHTML, like Gecko) Chrome/96.0.4664.45 Safari/537.36'}
http = urllib3.PoolManager()                            # 创建 PoolManager 对象
r = http.request('GET', url,headers=headers)            # 发送 GET 请求
print(r.status)                                         # 输出状态码
print(r.data)                                           # 输出响应内容
```

在进行请求时，为了防止网络异常或服务器不稳定等问题导致的数据丢失，urllib3 增加了 timeout 参数设置，可以用来指定连接和读取的超时时间。urllib3 提供了多种 timeout 参数设置方法，代码如下：

```python
import urllib3
from urllib3 import Timeout
url = 'https://www.tsinghua.edu.cn/xxgk/xxyg.htm'
timeout = Timeout(connect=0.5, read=0.1)
# 方法一：在 PoolManager 对象中设置 timeout 参数
http = urllib3.PoolManager(timeout=timeout)
r = http.request('GET', url)
print(r.data)
# 方法二：使用 request() 方法设置 timeout 参数
http = urllib3.PoolManager()
r=http.request('GET', url, timeout=timeout)
print(r.data)
```

urllib3 可以自动重试请求。在使用 request() 方法重试请求时，重试次数和重定向次数默认都是 3 次。如果要修改重试次数，则可以设置 retries 参数。如果需要关闭重试及重定向，则可将 retries 参数设置为 False，代码如下：

```python
import urllib3
url = 'https://www.tsinghua.edu.cn/xxgk/xxyg.htm'
http = urllib3.PoolManager()
# 将重试和重定向次数设置为 6 次
r=http.request('GET',url,retries=6)
# 将重试次数设置为 4 次，将重定向次数设置为 6 次
r=http.request('GET',url,retries=4,redirect=6)
# 关闭重试和重定向
r=http.request('GET',url,retries=False)
# 关闭重定向
r=http.request('GET',url,redirect=False)
```

2. requests

requests 是 Python 的第三方模块，用于模拟浏览器的请求。与 urllib3 相较，requests 的 API 更加便捷与人性化，使用起来也更加简单。

1）安装

在 Windows 系统的 cmd 环境下，通过 pip 工具安装 requests，代码如下：

```
pip install requests
```

2）请求的发送

使用 requests 发送请求的方法非常简单，当发送 GET 请求时，可以使用 get() 方法来实现，代码如下：

```
import requests
response = requests.get('http://www.baidu.com')
print(response.status_code)              # 输出状态码
print(response.url)                      # 输出请求 URL
print(response.headers)                  # 输出请求头部信息
print(response.cookies)                  # 输出 cookies 信息
print(response.text)                     # 以文本形式输出网页源码
print(response.content)                  # 以字节流形式输出网页源码
```

requests 发送的请求基本上与 HTTP 中定义的请求一样，代码如下：

```
import requests
requests.get('http://httpbin.org/get')         # 发送 GET 请求
requests.post('http://httpbin.org/post')       # 发送 POST 请求
requests.put('http://httpbin.org/put')         # 发送 PUT 请求
requests.delete('http://httpbin.org/delete')   # 发送 DELETE 请求
```

requests 设置请求头部的方法与 urllib3 一样，可以通过字典设置请求头部，并作为参数提交，代码如下：

```
import requests
url = 'http://www.baidu.com'
heasers = {'User-Agent': 'Mozilla/5.0 (Windows NT 10.0; Win64; x64) AppleWebKit/537.36 (KHTML, like Gecko) Chrome/96.0.4664.45 Safari/537.36'}
r = requests.get(url=url,headers=heasers)
print(r.content)
```

在带参数的请求中，一般使用 params 参数。该参数同样接收一个字典数据，代码如下：

```
import requests
data ={'name': ' 小张 ', 'age': 18}
response = requests.get('http://httpbin.org/get', params=data)
print(response.text)
```

requests 使用起来非常便捷，在发送请求时会自动处理服务器响应的重定向。如果想要关闭重定向，则需要将 allow_redirects 参数设置为 False，代码如下：

```
r = requests.get(' http://www.baidu.com ', allow_redirects=False)
```

为了避免服务器响应时间太长，需要为程序设置一个超时时间作为限制。通过 timeout 参数设置超时时间，如果请求超时，程序就会停止等待，代码如下：

```
r = requests.get(' http://www.baidu.com ', timeout=5)
```

10.4.2　网页解析

服务器返回的响应中包含用户想要爬取的数据信息，如文本、图片、视频等。这些信息可能是 HTML 文本或 JSON 字符串等数据，需要对其进行解析，根据用户的需要提取有价值的数据。Python 解析网页主要有 3 种方法：通过 BeautifulSoup 解析、通过 XPath 解析和通过正则表达式解析，接下来将一一进行介绍。

1. 通过 BeautifulSoup 解析网页

BeautifulSoup 是 Python 用来解析网页中数据的一个模块。对于高度结构化的 HTML，使用 BeautifulSoup 能快速、便捷地进行数据的解析和提取。

在 Windows 系统的 cmd 环境下，通过 pip 工具安装 BeautifulSoup，代码如下：

```
pip install BeautifulSoup4
```

BeautifulSoup 支持 Python 标准模块中的 HTML 解析器，也支持一些第三方解析器，其中 lxml 解析器比标准模块中的 HTML 解析器快很多，因此推荐使用，但是该解析器需要额外进行安装，代码如下：

```
pip install lxml
```

主要的解析器及其优缺点如表 10-5 所示。

表 10-5 主要的解析器及其优缺点

解析器	语法格式	优点	缺点
Python 标准模块解析器	BeautifulSoup(markup, "html.parser")	1. Python 的标准模块 2. 执行速度适中 3. 文本容错能力强	在 Python 2.7.3 或 Python 3.2.2 以前的版本中，文本容错能力弱
lxml HTML	BeautifulSoup(markup, "lxml")	1. 速度快 2. 文本容错能力强	需要安装 C 语言库
lxml XML	BeautifulSoup(markup, ["lxml-xml"]) BeautifulSoup(markup, "xml")	1. 速度快 2. 唯一一个支持 XML 文本的解析器	需要安装 C 语言库
html5lib	BeautifulSoup(markup, "html5lib")	1. 文本容错能力非常强 2. 以浏览器的方式解析文本 3. 生成 HTML5 文本	1. 速度慢 2. 不依赖外部扩展

当使用 BeautifulSoup 解析网页数据时，首先需要对 HTML 文本创建 BeautifulSoup 对象。创建 BeautifulSoup 对象的方式有两种，示例代码如下：

```
from bs4 import BeautifulSoup
soup = BeautifulSoup("<title> 网络爬虫 </title>",'lxml')
soup = BeautifulSoup(open("index.html"))
```

BeautifulSoup 对象可以通过 prettify() 方法进行格式化输出，代码如下：

```
print(soup.prettify())
```

BeautifulSoup 会将复杂的 HTML 文本转换成一个复杂的树状结构，每个节点都是一个 Python 对象，所有对象可以归纳为 4 种：Tag 对象、NavigableString 对象、BeautifulSoup 对象、Comment 对象。

Tag 对象是 HTML 标签，例如，<title>The Dormouse's story</title> 语句中的 <title> 标签及标签中的内容被称为"Tag 对象"。通过 Tag 对象名，可以很方便地在文本树中获取需要的 Tag 对象，但是查找的是所有内容中第一个符合要求的标签，示例代码如下：

```
print(soup.title)          # 获取 <title> 标签的内容
print(soup.a)              # 获取 <a> 标签的内容
```

Tag 对象中包含两个重要的属性：name 属性和 attribute 属性。每个 Tag 对象都有自己的名称，可以通过 name 属性来获取，也可以修改 name 属性对应的值，示例代码如下：

```
print(soup.name)                  # 获取 soup 参数的 name 属性
print(soup.title.name)            # 获取 title 参数的 name 属性
soup.title.name = 'newtitle'      # 修改 name 属性
print(soup.title)
print(soup.newtitle)              # 查看修改后的 name 属性
```

在 Tag 对象如 <p class="story">…</p> 中，有一个与 class 属性对应的值为 story，Tag 对象的属性操作方法与字典相同，示例代码如下：

```
print(soup.p['class'])            # 获取 <p> 标签中的 class 属性
print(soup.p.get('class'))        # 获取 <p> 标签中的 class 属性
print(soup.p.attrs)               # 获取 <p> 标签中的所有属性
soup.p['class'] = 'newclass'      # 修改 <p> 标签中的 class 属性
print(soup.p.attrs)
```

NavigableString 对象是 Tag 对象中文本字符串的内容，例如，<title>The Dormouse's story</title> 语句中 <title> 标签的内容可以通过 string 属性来获取，示例代码如下：

```
print(soup.title.string)          # 获取 <title> 标签的内容
```

BeautifulSoup 对象表示文本的全部内容。大部分时候，可以把它当作一个特殊的 Tag 对象，用户可以分别获取它的类型、名称和属性，示例代码如下：

```
print (soup.name)                 # [document]
print (soup.attrs)                # {} 空字典
```

Comment 对象是一个特殊的 NavigableString 对象，但与 NavigableString 对象不同的是，Comment 对象获取的是标签中的注释文本字符串，示例代码如下：

```
<a><!-- 注释 --></a>              # 要解析的 HTML 文本
print(soup.a)
print (soup.a.string)
print type(soup.a.string)
```

<a> 标签中的内容实际上是注释，但是如果用户通过 string 属性来获取它的内容，则可以发现它的注释符号会被去掉。这可能会为用户带来麻烦。另外，通过输出它的类型，可知它是一个 Comment 对象，所以用户在使用前最好进行判断，代码如下：

```
if type(soup.a.string)==bs4.element.Comment:
  print (soup.a.string)
```

BeautifulSoup 将 HTML 文本看作树状结构。在选择标签的节点时，有时不能一步就获取想要的节点。对此，需要通过嵌套选择或关联选择定位目标节点。

嵌套选择是通过一个节点，一直找到此节点下的节点属性。例如，需要获取 <div> 标签中 <li> 标签的内容，代码如下：

```
from bs4 import BeautifulSoup
html='''
<html><div>
<li>book1</li>
<li>book2</li>
<li>book3</li>
</div></html>
'''
```

```
soup = BeautifulSoup(html,'html.parser')
tag= soup.div.li
print(tag)
```

直接使用标签名的方式只能获取标签的第一个节点。如果想要获取 <li> 标签的所有节点，则可以通过 find_all() 方法来实现，示例代码如下：

```
from bs4 import BeautifulSoup
html='''
<html><div>
<li>book1</li>
<li>book2</li>
<li>book3</li>
</div></html>
'''
soup = BeautifulSoup(html,'html.parser')
tag= soup.div.find_all('li')
print(tag)
```

关联选择是以某个标签为基点，获取它的子节点、父节点和兄弟节点。关联选择的常用属性如表 10-6 所示。

表 10-6　关联选择的常用属性

属性	说明
contents	返回所有子节点，并将它们存入列表。需要注意的是，不仅子标签是节点，换行符 "\n" 也是节点
children	返回子节点，迭代类型
descendants	返回所有子孙节点，迭代类型
parent	返回节点的父节点
parents	返回节点的父节点，迭代类型
next_sibling	返回按照 HTML 文本顺序排序的下一个兄弟节点
next_siblings	返回按照 HTML 文本顺序排序的后面所有兄弟节点，迭代类型
previous_sibling	返回按照 HTML 文本顺序排序的上一个兄弟节点
previous_siblings	返回按照 HTML 文本顺序排序的前面所有兄弟节点，迭代类型

关联选择示例代码如下：

```
from bs4 import BeautifulSoup
html='''
<html>
<div>
<li>book1</li>
<li>book2</li>
<li>book3</li>
</div></html>
'''
soup = BeautifulSoup(html,'html.parser')
print(soup.div.parent)         # 获取 <div> 标签的父节点
```

```
print(soup.div.contents)    # 获取 <div> 标签的子节点
for i in soup.div.children:  # 获取 <div> 标签的子节点，迭代类型
    print(i)
```

BeautifulSoup 除了可以通过标签名获取节点，还提供了 find() 方法和 find_all() 方法，可以更精确地获取标签的节点。find() 方法和 find_all() 方法的使用相同，只不过 find() 方法返回的是单个节点，也就是第一个匹配的节点，而 find_all() 方法返回的是由所有匹配的节点构成的列表。

find_all() 方法的语法格式如下：

find_all(name, attrs, recursive, text, limit, **kwargs)

- name：标签名。
- attrs：HTML 属性。
- text：文本。
- limit：限制返回的数量。

通过 find_all() 方法获取标签的节点，示例代码如下：

```
from bs4 import BeautifulSoup
html='''
<html>
<div class="title">
<li id="list1">book1</li>
<li>book2</li>
<li>book3</li>
</div></html>
'''
soup = BeautifulSoup(html,'html.parser')

print(soup.find_all('li')) # 获取 <li> 标签的所有节点
# 输出 ID 值为 list1 的标签
print(soup.find_all(attrs={'id':'list1'}))
# 根据 class 属性获取节点，由于 class 属性是 Python 的关键字，因此需要加上 "_"
print(soup.find_all(class_='title'))
# 通过 text 属性，可以获取内容为 book1 的文本
print(soup.find_all(text='book1'))
```

2. 通过 XPath 解析网页

XPath 即 XML Path Language（XML 路径语言），是一种基于 XML 文本的树状结构，在数据结构树中获取节点，确定 XML 文本中某个位置的语言。XPath 的选择功能十分强大，提供了非常简明的路径选择表达式，另外，它还提供了百余个内置函数，用于字符串、数值、时间的匹配，以及节点、序列的处理等。

使用 XPath 需要安装 lxml 解析器。lxml 解析器支持对 HTML 文本和 XML 文本进行解析，并支持 XPath 解析方式，解析效率非常高。在使用 lxml 解析器进行解析之前，需要先将源文件转成树状结构，再对树状结构使用相应的 XPath 查询语句。

使用 XPath 需要从 lxml 解析器中导入 etree 模块，还需要使用 HTML 类对需要匹配的 HTML 对象进行初始化，语法格式如下：

lxml.etree.HTML(text, parser=None, *, base_url=None)

- text：接收 str。表示需要转换为 HTML 文本，无默认值。
- parser：接收 str。表示选择的是 HTML 解析器，无默认值。
- base_url：接收 str。表示设置文本的原始 URL，用于获取外部实体的相对路径，默认值为 None。

创建 etree 对象并输出网页内容，示例代码如下：

```
from lxml import etree
text = '''
<div>
  <ul>
    <li class="item-0"><a href="www.baidu.com">baidu</a>
    <li class="item-1"><a href="https://blog.csdn.net/qq_25343557">myblog</a>
    <li class="item-2"><a href="https://www.csdn.net/">csdn</a>
    <li class="item-3"><a href="https://hao.360.cn/?a1004">hao123</a>
'''
html = etree.HTML(text)
result = etree.tostring(html)
print(result.decode('UTF-8'))
```

XPath 使用路径表达式在 XML 文本中获取节点。节点的获取是沿着路径或者 step 而实现的。XPath 的常用表达式如表 10-7 所示。

表 10–7 XPath 的常用表达式

表达式	说明
nodename	获取 nodename 节点的所有子节点
/	从当前节点中获取直接子节点
//	从当前节点获取子孙节点
.	获取当前节点
..	获取当前节点的父节点
@	获取属性

XPath 是在树状结构中搜索数据的。由于节点存在层级关系，因此需按照表达式找到对应位置，其中，子节点表示当前节点的下一层节点，子孙节点表示当前节点的所有下层节点，父节点表示当前节点的上一层节点，示例代码如下：

```
from lxml import etree
html = '''<html>
<body>
  <title>Python 程序设计 </title>
  <year>2022</year>
  <price>30</price></body>
</html>'''
tree = etree.HTML(html)
r1=tree.xpath('/html/body/title')      # 直接从上向下按顺序获取节点
r2=tree.xpath('/html//title')          # 跳跃了一个节点来获取这个 title 节点的对象
r3=tree.xpath('//title')
```

```
print(r1)
print(r2)
print(r3)
```

运行结果如下：

```
[<Element title at 0x28debc8>]
[<Element title at 0x28debc8>]
[<Element title at 0x28debc8>]
```

XPath 使用谓语获取某个特定的节点或者包含某个指定值的节点，谓语在路径后的中括号中使用。XPath 谓语表达式如表 10-8 所示。

表 10–8　XPath 谓语表达式

表达式	说明
/html/div[1]	获取 HTML 文本中 <div> 标签的第一个节点
/html/div [last()]	获取 HTML 文本中 <div> 标签的最后一个节点
/html/div [last()-1]	获取 HTML 文本中 <div> 标签的倒数第二个节点
/html/div [position()<3]	获取最前面两个属于 bookstore 节点的子节点 book
//title[@lang]	获取 <title> 标签的所有节点，且这些节点拥有 lang 属性
//title[@lang='eng']	获取 <title> 标签的所有节点，且这些节点拥有 lang 属性，值为 eng
/html/div [x>5]	获取 HTML 文本中 <div> 标签的所有节点，其中 x 节点的值须大于 5
/html/div [x>5]/title	获取 HTML 文本中 <div> 标签下 <title> 标签的所有节点，其中 x 节点的值须大于 5

获取带有 class 属性且属性值为 main 的 <div> 标签的节点，示例代码如下：

```
from lxml import etree
html = '''<html>
< div class="main">
  <title>Python 程序设计 </title>
</div>
</html>'''
tree = etree.HTML(html)
r1=tree.xpath('//div[@class="main"]')
print(r1)
```

运行结果如下：

```
[<Element div at 0x28edb88>]
```

XPath 中还提供功能函数进行模糊查找。有时对象仅掌握了其部分特征，当需要模糊查找该类对象时，可使用功能函数来实现。XPath 的功能函数如表 10-9 所示。

表 10–9　XPath 的功能函数

功能函数	示例	说明
starts-with()	//div[starts-with(@id,"co")]	获取 ID 是以 co 开头的 <div> 标签的节点
contains()	//div[contains(@id,"co")]	获取 ID 中包含 co 的 <div> 标签的节点
text()	//div/text()	获取 <div> 标签中所有节点的 TEXT 文本

在以上功能函数中，text() 函数的使用非常多，可以用于获取节点中的 TEXT 文本，示例代码如下：

```
from lxml import etree
html = '''<html>
<div class="main">
  <title>Python 程序设计 </title>
</div>
</html>'''
tree = etree.HTML(html)
r1=tree.xpath('//title/text()')
print(r1)
```

运行结果如下：

['Python 程序设计 ']

在使用 XPath 解析网页数据的过程中，根据 HTML 文本的树状结构获取 XPath 表达式较为麻烦，解析效率不如 BeautifulSoup。为了提高 XPath 的解析效率，用户可以通过谷歌浏览器直接获取 XPath 表达式，在 elements 面板中找到需要解析的标签后，右击，在弹出的快捷菜单中选择"Copy"→"Copy full XPath"命令，即可获取 XPath 表达式，如图 10-4 所示。

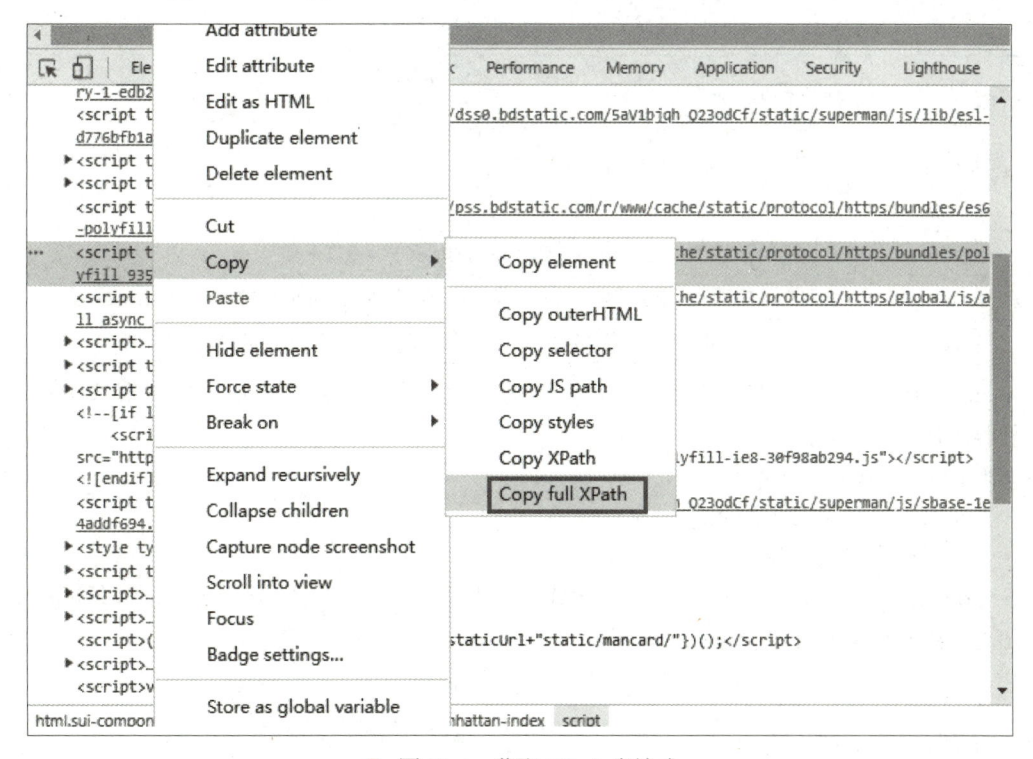

◎ 图 10-4 获取 XPath 表达式

3. 通过正则表达式解析网页

在解析网页文本时，经常会查找符合一些特定规则的字符串，而正则表达式则是用于描述这些规则的工具。正则表达式又被称为"规则表达式"（Regular Expression，在代码中常被简写为"regex""regexp""RE"），是一种文本模式，包括普通字符（如 a～z 的字母）和特殊字符（被称为"元字符"）。

正则表达式使用单个字符串来描述与匹配某个语法格式的字符串，通常被用来扫描或替换那些符合某个模式（规则）的文本。正则表达式匹配的基本模式如表 10-10 所示。

表 10-10　正则表达式匹配的基本模式

模式	说明	模式	说明
.	匹配任意字符，除了换行符	\s	匹配空白字符
*	匹配前一个字符 0 次或多次	\S	匹配任何非空白字符
+	匹配前一个字符一次或多次	\d	匹配数字
?	匹配前一个字符 0 次或一次	\D	匹配任何非数字
^	匹配字符串开头	\w	匹配字母数字
$	匹配字符串结尾	\W	匹配非字母数字
( )	匹配括号内的表达式，也用于分组匹配的子字符串	[ ]	表示一组字符

Python 通过内置的 re 模块进行正则表达式匹配。使用 re 模块需要先将正则表示的字符串模式编译为 pattern 对象，然后使用 pattern 对象处理文本并获得匹配结果，最后使用 match() 函数获取信息。re 模块的常用函数如表 10-11 所示。

表 10-11　re 模块的常用函数

函数	功能说明
compile()	将指定的正则表达式模式编译为正则表达式对象，可用于匹配和搜索
match()	用于匹配字符串起始位置的模式
serach()	用于匹配出现在字符串中任意位置的模式
findall()	用于返回字符串中指定正则表达式模式的所有非重叠匹配项
finditer()	用于从左到右扫描字符串中的特定模式，该函数以迭代器的形式返回所有匹配的实例
sub()	用于以替换串来替代字符串中特定的模式，仅仅替换字符串中最左侧出现的模式

match() 函数用于从字符串的起始位置匹配一个模式，如果不是在起始位置匹配成功，则返回 none，语法格式如下：

re.match(pattern, string, flags=0)

- pattern：匹配的正则表达式。
- string：匹配的字符串。
- flags：标志位，用于控制正则表达式的匹配方式，如是否区分大小写、多行匹配等。flags 参数的修饰符如表 10-12 所示。

表 10-12　flags 参数的修饰符

修饰符	说明
re.I	使匹配对大小写不敏感
re.L	进行本地化识别匹配
re.M	多行匹配，影响"^"和"$"
re.S	使"."匹配包括换行符在内的所有字符
re.U	根据 Unicode 字符集解析字符，影响"\w" "\W" "\b" "\B"
re.X	通过更灵活的格式将正则表达式写得更易于理解

示例代码如下：
```
import re
print(re.match('www', 'www.runoob.com').span())  # 在起始位置匹配
print(re.match('com', 'www.runoob.com'))
```
运行结果如下：
```
(0, 3)
None
```

search() 函数用于扫描整个字符串并获取第一个成功的匹配，语法格式如下：
```
re.search(pattern, string, flags=0)
```
示例代码如下：
```
import re
string = 'abc123def'
r = re.search(r'\d+', string)
print(" 匹配： ", r.span())
```
运行结果如下：
```
匹配：(3, 6)
```

findall() 函数用于在字符串中获取正则表达式所匹配的所有子串，并返回一个列表，如果没有获取匹配的子串，则返回空列表，示例代码如下：
```
import re
r_match = re.match(r'\d+', '1234 is the first number, 6666 is the second.')
r_search = re.search(r'\d+', 'The first number is 1234, the second number is 6666.')
r_findall = re.findall(r'\d+', 'The first number is 1234, the second number is 6666.')

print("r_match： ", r_match.group())
print("r_search： ", r_search.group())
print("r_findall： ", r_findall)
```
运行结果如下：
```
r_match： 1234
r_search： 1234
r_findall： ['1234', '6666']
```

使用 re 模块中的 search() 函数获取网页中的标题内容，示例代码如下：
```
import re
import requests
import chardet
url = 'http://www.baidu.com'
rqg = requests.get(url)
rqg.encoding = chardet.detect(rqg.content)['encoding']

title_search = re.search(r'(?<=<title>).*?(?=</title>)' ,rqg.text)
title = title_search.group()
print(" 标题内容： ", title)
```

案例分析与实现

案例分析

要想获取图书搜索结果，以搜索的关键字"Python"为例，搜索页面结果（以"当当网"为例）如图 10-5 所示。

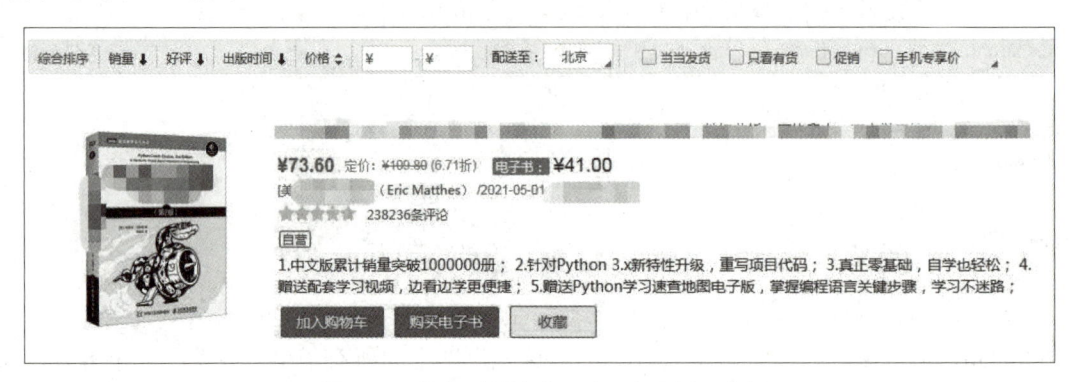

◎ 图 10-5 搜索页面结果（以"当当网"为例）

该页面为搜索结果的第一页，其 URL 为 http://search.dangdang.com/?key=Python&act=input。

当切换页面时，页面的 URL 中会新增一个 page_index 参数。通过分析可知 URL 中各项参数的含义：key 代表搜索的关键字；act 为固定值 input；page_index 代表页数。因此，可将发送请求的 URL 设置为 http://search.dangdang.com/?key={}&act=input&page_index={}。

根据图 10-5 可知，搜索结果中包含了每本图书的书名、价格、作者、出版社，以及图书简介，这些是需要爬取的目标数据。通过开发者工具中的 elements 面板查看 HTML 结构信息（见图 10-6）进行进一步分析。

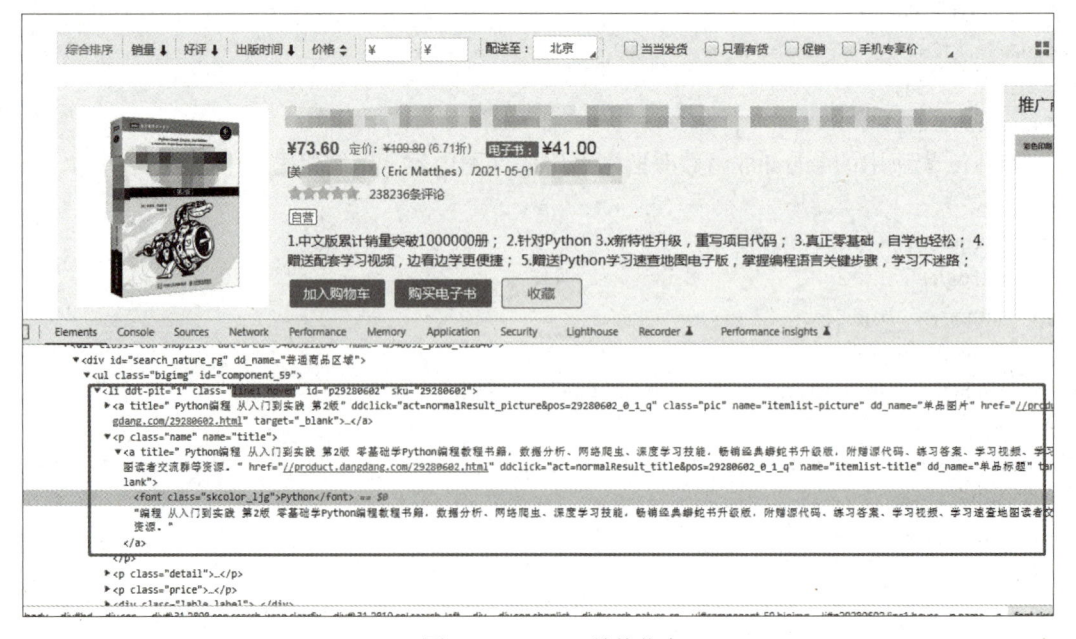

◎ 图 10-6 HTML 结构信息

根据页面的 HTML 结构信息可知,图书信息使用 <li> 标签来显示,分别包括书名 title、价格 price、作者 author、出版社 publisher 和图书简介 detail。使用 BeautifulSoup 获取不同节点中的数据,最后将爬取的数据写入 TEXT 文件。

案例实现

代码如下:

```
import requests
from bs4 import BeautifulSoup
# 设置请求头部
headers = {
    'User-Agent':"Mozilla/5.0 (Windows NT 6.1; WOW64) AppleWebKit/535.11 (KHTML, like Gecko) Chrome/17.0.963.84 Safari/535.11 LBBROWSER",
    'Connection':'keep-alive',
}

def spider(keyword,page):
    for i in range(0,page):
        count = 0
        page = 1
        # 获取搜索页面
        url = 'http://search.dangdang.com/?key='+str(keyword)+'&page_index='+str(page)
        res = requests.get(url, headers=headers)
        res.encoding = 'gbk'
        soup = BeautifulSoup(res.text,'html.parser')

        div = soup.find("div", attrs={"class": "con shoplist"})
        ul = div.find("ul", attrs={"class": "bigimg"})
        lis = ul.find_all("li")
        print(' 正在爬取第 {} 页 '.format(page))
        for li in lis:
            count += 1
            p = li.find("p", attrs={"class": "name"})
            title = p.find("a").text
            price = li.find("span", attrs={"class": "search_now_price"}).text
            author = li.find("p", attrs={"class": "search_book_author"}).find("span").text
            pub = li.find("p", attrs={"class": "search_book_author"}).find_all("span")
            publisher=pub[2].text
            detail = li.find("p", attrs={"class": "detail"}).text

            # 将数据存储至 book.csv 文件中
            with open("book.csv","a",encoding='utf-8') as f2:
                f2.writelines(title + "," + price + "," + author + "," + publisher + '\n')

            print('\n 书名:',title,'\n 价格:',price,'\n 作者:',author,'\n 出版社:',publisher,'\n 简介:',detail)
```

```
        page += 1
if __name__ == '__main__':
    keyword = input('搜索关键字：')
    page = int(input('爬取页数：'))
    # keyword = 'Python'
    # page = 1
    spider(keyword,page)
```

本章小结

本章通过图书购物数据获取案例，引出网络爬虫的基本知识，详细介绍了网络爬虫的概念、分类及合法性，从发送请求到网络解析这两个方面重点讲解了网页爬取的实现过程。通过本章的学习，学生能够掌握如何使用 Python 爬取网页数据。

课后训练

一、选择题

1. 以下（　　）不是 HTTP 的请求方式。
   A．GET   B．POST   C．DELETE   D．PUSH
2. 关于 HTTP 的状态码类型，以下描述错误的是（　　）。
   A．4** 表示客户端可能发生错误
   B．5** 表示服务器可能发生错误
   C．1** 表示请求被服务器接收，无须后续处理
   D．3** 表示客户端的请求需采取进一步操作
3. 以下属于反网络爬虫目的的是（　　）。
   A．限制访问人数
   B．限制用户访问权限
   C．改变网页内容
   D．防止网站信息被随意获取
4. 关于 XPath 中的功能函数，以下描述错误的是（　　）。
   A．contains() 函数可用于获取以指定值开头的节点
   B．starts-with() 函数可用于获取以指定值开头的节点
   C．text() 函数可用于获取包含指定文本内容的节点
   D．text() 函数可用于获取节点的文本内容
5. 以下正则表达式中的量词符号与含义匹配的是（　　）。
   A．{n,} 表示出现 n 次

B．{n, m} 表示出现 m-n 次
C．? 表示出现一次
D．* 表示出现任意次

二、简答题

1．HTTP 通信中发起请求的步骤是什么？
2．HTTP 通信中常用的请求有哪些？
3．网页爬取的基本流程是什么？

第 11 章

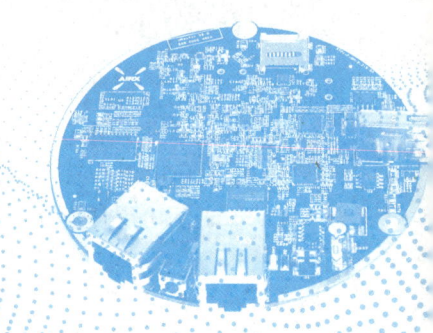

超市营业额数据分析之数据处理

案例描述

超市营业额数据包括超市每个员工在不同时间段、不同柜台的交易额数据。为了提高超市营业额，超市管理人员需要对这些数据进行分析，合理地将员工安排在合适的柜台、合适的时间段工作，以提高员工的交易额。要求合理与有效地处理这些数据，达到提高员工交易额与超市营业额的目的。

知识准备

随着大数据时代的到来，各行各业产生的数据正在以前所未有的速度增长，它们的背后蕴含着巨大的价值。为了从海量数据中智能地获取有价值的数据，就需要对数据进行处理。在大数据处理中，Python 有着重要的地位，这主要得益于 Python 天然的优势和其在数据处理方面模块的成熟度。在众多 Python 模块中，NumPy 和 Pandas 以其强大的功能和易用性而在业界被广泛应用。本章将详细介绍这两个数据处理模块的使用方法。

11.1 NumPy

NumPy 是 Python 进行数据分析、机器学习、科学计算的重要基础模块。它在 Python 原生列表数据结构的基础上进行了封装，使其可以更好地存储和处理大型矩阵。此外，针对不同的数组运算，NumPy 也提供大量的数学函数，极大地提高了 Python 在大数据分析方面的运算速度。

11.1.1 NumPy 简介

NumPy 的历史可以追溯到 90 年代中期，它的前身是由 Jim Hugunin 与其他协作者共同开发的 Numeric。随后，为了处理复杂维度的数据，开发人员又推出了 Numarray。这两个数据处理的基础模块大大提高了 Python 科学计算的处理效率。为了更好地应对不同的数据分析场景，2005 年，Travis Oliphant 对两个模块进行整合，并加入了其他扩展而开发了 NumPy，吸收了 Numeric 中丰富的 C API 及 Numarray 的高维数组处理能力，成为 Python 科学计算生态系统的基础，是目前 Python 在计算多维数组和大型数据时，使用最为广泛的基础模块之一。

同时，NumPy 是获得了 BSD 许可的开源项目，允许重用而不受限制。在开源社区众多开发人员的共同努力下，NumPy 的功能得到了进一步的丰富与提升。

11.1.2 NumPy 安装

由于 Python 官网上发布的版本不包含 NumPy，因此需要另外安装 NumPy。

安装 NumPy 的简单方法是使用 pip 工具，代码如下：

pip install numpy

在 NumPy 安装成功后，即可通过 import 语句将其导入应用程序，代码如下：

import numpy

NumPy 通常以 "np" 这一别名导入，在 Python 中，别名是通过 as 语句创建的，代码如下：

import numpy as np

有了别名之后，在程序中就可直接使用别名代替 NumPy。

11.1.3 NumPy 基本操作

NumPy 提供了两个基本对象：ndarray 和 ufunc。ndarray 是存储数据的多维数组，而 ufunc 则是对数组进行运算的函数。

1. 创建数组

多维数组是 NumPy 操作的基础，用户需要先创建数组对象，之后才能对其进行处理。使用 NumPy 中的 array() 函数创建数组，示例代码如下：

```
>>> import numpy as np
>>> a = np.array([1,2,3])
>>> a
array([1,2,3])
```

array() 函数的参数为序列类型的数据，如列表、嵌套列表、元组、元组列表或嵌套元组。常见的错误是在调用 array() 函数时，传入了多个数据，示例代码如下：

```
>>> a = np.array(1,2,3,4)
  File "<stdin>", line 1
    a = np.array(1,2,3,4)
    ^
IndentationError: unexpected indent>>> a = np.array([1,2,3,4])
>>> b = np.array([[1,2,3],[4,5,6]])
>>> b
array([[1, 2, 3],
       [4, 5, 6]])
>>> c = np.array((1,2,3))
>>> c
array([1, 2, 3])
>>> d = np.array([(1,2,3),(4,5,6)])
>>> d
array([[1, 2, 3],
       [4, 5, 6]])
>>> e = np.array(((1,2,3),(4,5,6)))
>>> e
array([[1, 2, 3],
       [4, 5, 6]])
```

通过 array() 函数创建的数组元素是已知的。通常，数组元素的初始值是未知的，但大小是已知的。对此，NumPy 提供了几个函数来创建有初始占位数据的数组，如 zeros() 函数、ones() 函数、arange() 函数、random() 函数、empty() 函数。

1）zeros() 函数

zeros() 函数能够创建指定维度且元素的值都为 0 的数组。例如，以下代码会生成一个 3×4 的二维数组：

```
>>> np.zeros((3,4))
array([[ 0., 0., 0., 0.],
       [ 0., 0., 0., 0.],
       [ 0., 0., 0., 0.]])
```

2）ones() 函数

ones() 函数能够创建指定维度且元素的值都为 1 的数组。例如，以下代码会生成一个 3×4 的二维数组：

```
>>> np.ones((3,4))
array([[ 1., 1., 1., 1.],
       [ 1., 1., 1., 1.],
       [ 1., 1., 1., 1.]])
```

zeros() 函数和 ones() 函数默认使用 float64 数据类型来创建数组。

除了生成固定大小的数组，NumPy 还可以按照一定的规则创建数值序列的数组或创建随机数组。

3）arange() 函数

arange() 函数根据传入的参数与规则创建包含一个数值序列的数组，通常需要两个参数：起始参数与结束参数，不包含第三个参数，示例代码如下：

```
>>> a = np.arange(0,10)
>>> a
array([0, 1, 2, 3, 4, 5, 6, 7, 8, 9])
>>> b = np.arange(2,6)
>>> b
array([2, 3, 4, 5])
```

除了生成默认间隔为 1 的数组，arange() 函数还可以通过指定第三个参数来设置两个参数之间的间隔。例如，指定间隔为 2，对 0（含）～10（不含）的整数进行排序，代码如下：

```
>>> c = np.arange(0,10,2)
>>> c
array([0, 2, 4, 6, 8])
```

4）random() 函数

random() 函数能够设置数组的大小，随机返回相应的数值，示例代码如下：

```
>>> a = np.random.random((2,3))
>>> a
array([[ 0.15663547, 0.06852767, 0.2839707 ],
       [ 0.33873784, 0.4499527 , 0.60507533]])
```

5）empty() 函数

与 random() 函数相比，empty() 函数的应用率更高，函数的初始内容是随机的，由内存的状态决定。在默认情况下，使用 empty() 函数创建的数组属于 float64 类型，示例代码如下：

```
>>> a = np.empty((2,3))
>>> a
array([[ 0.11586119, 0.40963707, 0.18585711],
       [ 0.76468551, 0.28456727, 0.35735895]])
```

2. 数组属性

NumPy 中数组常用的属性如表 11-1 所示。

表 11–1　NumPy 中数组常用的属性

属性	说明
ndim	秩，即轴的数量或维度的数量
shape	数组的维度，对应于矩阵
size	数组中元素的个数，相当于 shape 属性中行数和列数的乘积
dtype	数组中元素的数据类型
itemsize	数组中每个元素的大小，以字节为单位
flags	数组的内存信息
data	包含实际数组中元素的缓冲区，由于一般通过数组的索引获取元素，因此通常不需要使用这个属性

1）ndim 属性

数组的维度被称为"轴"，轴的数量被称为"秩"。ndim 属性获取的就是数组的秩，示例代码如下：

```
>>> a = np.empty((2,3))
>>> a
array([[ 0.11586119, 0.40963707, 0.18585711],
       [ 0.76468551, 0.28456727, 0.35735895]])
>>> a.ndim
2
```

2）shape 属性

shape 属性可以获取数组的维度，示例代码如下：

```
>>> a.shape
(2, 3)
```

根据运行结果可知，a 是一个 2 行 3 列的数组。shape 属性除了可以获取数组的维度，还可以在保持数组中元素不变的情况下，改变数组的维度，示例代码如下：

```
>>> a.shape=3,2
>>> a
array([[ 0.15663547, 0.06852767],
       [ 0.2839707 , 0.33873784],
       [ 0.4499527 , 0.60507533]])
```

3）size 属性

size 属性可以获取数组中元素的个数，示例代码如下：

```
>>> a.size
6
```

4）dtype 属性

dtype 属性可以获取数组中元素的数据类型，示例代码如下：

```
>>> a.dtype
dtype('float64')
```

5）itemsize 属性

itemsize 属性可以获取数组中每个元素的字节大小，示例代码如下：

```
>>> a.itemsize
8
```

3. 数组的索引、切片和迭代

一维数组可以进行的操作包括索引、切片和迭代，就像列表和其他 Python 序列类型一样，示例代码如下：

```
>>> a = np.arange(10)**3
>>> a
array([  0,   1,   8,  27,  64, 125, 216, 343, 512, 729])
>>> a[2]
8
>>> a[2:5]
array([ 8, 27, 64])
>>> a[:6:2] = -1000
>>> a
array([-1000,     1, -1000,    27, -1000,   125,   216,   343,   512,   729])
>>> a[ : :-1]                  #逆序
array([  729,   512,   343,   216,   125, -1000,    27, -1000,     1, -1000])
>>> for i in a:
...     print(i**(1/3.))
...
nan
1.0
nan
3.0
nan
5.0
6.0
7.0
8.0
9.0
```

多维数组中的每个轴都可以有一个索引。这些索引以使用","分隔的元组给出，示例代码如下：

```
>>> def f(x,y):
...     return 10*x+y
...
>>> b = np.fromfunction(f,(5,4),dtype=int)
>>> b
array([[ 0,  1,  2,  3],
       [10, 11, 12, 13],
       [20, 21, 22, 23],
```

```
    [30, 31, 32, 33],
    [40, 41, 42, 43]])
>>> b[2,3]
23
>>> b[0:5, 1]              #b 中的第二列数据
array([ 1, 11, 21, 31, 41])
>>> b[ : ,1]
array([ 1, 11, 21, 31, 41])
>>> b[1:3, : ]             # b 中的第二行和第三行数据
array([[10, 11, 12, 13],
    [20, 21, 22, 23]])
```

当提供的索引数小于轴的数量时,缺失的索引会被认为是完整的切片,示例代码如下:

```
>>> b[-1]                  # 最后一行数据
array([40, 41, 42, 43])
```

在 b[i] 中,表达式 i 被视为后面紧跟着":"的多个实例,用于表示剩余轴。NumPy 也允许使用 3 个点,以 b[i,...] 的形式书写。

3 个点"..."表示产生完整索引元组所需的冒号。例如,如果 x 是轴为 5 的数组,则 x[1,2,...] 等效于 x[1,2,:,:,:]; x[...,3] 等效于 x[:,:,:,:,3]; x[4,...,5,:] 等效于 x[4,:,:,5,:]。

数组的操作示例代码如下:

```
>>> c = np.array( [[[  0,  1,  2],
...              [ 10, 12, 13]],
...              [[100,101,102],
...              [110,112,113]]])
>>> c.shape
(2, 2, 3)
>>> c[[100 101 102]
   [110 112 113]]
>>> c[[  2  13]
 [102 113]]
```

对多维数组进行迭代是相对于第一个轴完成的,示例代码如下:

```
>>> for row in b:
...     print(row)
...
[0 1 2 3]
[10 11 12 13]
[20 21 22 23]
[30 31 32 33]
[40 41 42 43]
```

如果想要对数组中的所有元素进行操作,则可以使用 flat 属性,该属性是数组中所有元素的迭代器,示例代码如下:

```
>>> for element in b.flat:
...     print(element)
...
0
```

```
1
2
3
10
11
12
13
20
21
22
23
30
31
32
33
40
41
42
43
```

4. ufunc 运算

ufunc 是 "universal function" 的缩写，它是一种能对数组中的所有元素进行运算的函数。由于 NumPy 内置的很多 ufunc 运算函数都是以 C 语言级别实现的，因此它们的运算速度非常快。

1）四则运算

ufunc 中提供了数组四则运算的相关函数，既可以通过调用函数进行四则运算，又可以直接使用运算符进行运算。四则运算对应的 ufunc 运算函数如表 11-2 所示。

表 11-2 四则运算对应的 ufunc 运算函数

四则运算	对应的 ufunc 运算函数
Y=a+b	add(a , b [,y])
Y = a−b	subtract(a , b [,y])
Y = a*b	multiply(a , b [,y])
Y = a/b	divide(a , b [,y])，如果两个数组的元素为整数，则使用整数除法
Y = a//b	floor_divide (a , b [,y])，返回值取整
Y = −a	negative(a [,y])
Y = a**b	power(a , b [,y])
Y = a%b	mod(a , b [,y])

示例代码如下：

```
>>> a = np.array([1,2,3])
>>> b = np.array([4,5,6])
>>> a+b
array([5, 7, 9])
```

```
>>> a - b
array([-3, -3, -3])
>>> a * b
array([ 4, 10, 18])
>>> a / b
array([ 0.25, 0.4, 0.5 ])
>>> a ** b
array([1, 32, 729], dtype=int32)
```

2）比较运算

使用">""<""=="">=""<=""!="等比较运算符对两个数组进行比较，结果将返回一个布尔数组，它的所有元素的值都是两个数组中对应元素比较的结果。比较运算对应的 ufunc 运算函数如表 11-3 所示。

表 11-3　比较运算对应的 ufunc 运算函数

比较运算	对应的 ufunc 运算函数
Y=a == b	equal (a , b [,y])
Y = a != b	not_equal(a , b [,y])
Y = a<b	less(a , b [,y])
Y = a<=b	less_equal(a , b [,y])
Y = a>b	greater (a , b [,y])
Y = a>=b	greater_equal (a , b [,y])

示例代码如下：

```
>>> a = np.array([1,2,6])
>>> b = np.array([4,2,5])
>>> a < b
array([ True, False, False], dtype=bool)
>>> a > b
array([False, False, True], dtype=bool)
>>> a == b
array([False, True, False], dtype=bool)
>>> a <= b
array([ True, True, False], dtype=bool)
>>> a >= b
array([False, True, True], dtype=bool)
```

3）逻辑运算

np.any() 函数等效于 or 逻辑运算，np.all() 函数等效于 and 逻辑运算。运算结果返回布尔值，示例代码如下：

```
>>> a = np.array([1,2,6])
>>> b = np.array([4,2,5])
>>> np.all(a==b)
False
>>> np.any(a==b)
True
```

注意：当用户对布尔数组使用 Python 的逻辑运算符 and、or、not 进行运算时，会提示错误，原因在于，它们只能比较单个布尔值，不能比较多个，示例代码如下：

```
>>> a>b or a<b
Traceback (most recent call last):
  File "<stdin>", line 1, in <module>
ValueError: The truth value of an array with more than one element is ambiguous. Use a.any() or a.all()
```

4）广播

广播是指在不同 shape 的数组之间进行算术运算的方式，需要遵循以下原则。

（1）让所有输入数组都向其中 shape 最长的数组看齐。对于 shape 中不足的部分，通过在前面加 1 补齐。

（2）输出数组的 shape 是输入数组的 shape 各个轴上的最大值。

（3）如果输入数组的某个轴和输出数组的对应轴的长度相同或者长度为 1，则这个数组能够用来进行运算，否则会报错。

（4）当输入数组的某个轴的长度为 1 时，沿着此轴运算时都用此轴上的第一组值。

一维数组广播示例代码如下：

```
>>> arr1 = np.array([[1,1,1],[2,2,2],[3,3,3]])
>>> arr2 = np.array([1,2,3])
>>> arr3 = arr1 + arr2
>>> arr3
array([[2, 3, 4],
       [3, 4, 5],
       [4, 5, 6]])
```

二维数组广播示例代码如下：

```
>>> arr1 = np.array([[0,0,0],[1,1,1],[2,2,2,],[3,3,3]])
>>> arr1
array([[0, 0, 0],
       [1, 1, 1],
       [2, 2, 2],
       [3, 3, 3]])
>>> arr2 = np.array([1,2,3,4]).reshape((4,1))
>>> arr2
array([[1],
       [2],
       [3],
       [4]])
>>> arr3 = arr1 + arr2
>>> arr3
array([[1, 1, 1],
       [3, 3, 3],
       [5, 5, 5],
       [7, 7, 7]])
```

11.2 Pandas

11.2.1 Pandas 简介

Pandas 是基于 NumPy 的一种工具，为解决数据分析任务而创建。Pandas 中纳入了大量模块和一些标准的数据模型，提供了高效的操作大型数据集所需的工具。Pandas 中提供了大量能使用户快速、便捷地处理数据的函数和方法。最初由 AQR Capital Management 于 2008 年 4 月开发，并于 2009 年底实现开源，目前由专注于 Python 数据包开发的 PyData 开发团队继续开发和维护，属于 PyData 项目的一部分。Pandas 最初被作为金融数据分析工具而开发出来，因此，Pandas 为时间序列分析提供了很好的支持。目前使用 Python 进行数据分析和研究的开发人员，都在使用 Pandas 作为基础工具。

11.2.2 Pandas 安装

Python 官网上发行的版本是不包含 Pandas 的，因此需要另外安装 Pandas。

安装 Pandas 的简单方法就是使用 pip 工具，代码如下：

```
pip install pandas
```

在 Pandas 安装成功后，即可通过 import 语句将其导入应用程序，代码如下：

```
import pandas as pd
```

11.2.3 Pandas 基本操作

Pandas 提供的数据结构包括以下几种。
- Series：一维数组，与 NumPy 中的一维 array 类似。二者与 Python 基本的数据结构列表也很相近。Series 能存储不同的数据类型，包括字符串、布尔值、整数、浮点数等。
- Time-Series：以时间为索引的 Series。
- DataFrame：二维数组，表格型数据结构，可以将 DataFrame 理解为 Series 的容器。
- Panel：三维数组，可以将 Panel 理解为 DataFrame 的容器。
- Panel4D：四维数组，像 Panel 一样的数据容器。
- PanelND：多维数组，像 Panel4D 一样的数据容器，拥有 factory 集合。

其中，Series 和 DataFrame 的应用率非常高。

1. Series

Series 是带标签的一维数组，可存储整数、浮点数、字符串、Python 对象等类型的数据。轴标签被统称为"索引"，它由 values 和 index 两部分构成，其中 values 代表一组数据（ndarray 类型），index 代表相关数据索引标签。

由于标签与数据默认一一对应，除非特殊情况，一般不会断开连接，因此通过索引取值非常方便，不需要循环，可以直接通过字典方式，使用键获取对应的值。

1）创建 Series 的几种方式

（1）通过列表创建，示例代码如下：

```
>>> import numpy as np
>>> import pandas as pd
```

```
>>> l = [1,3,5,7,9]
>>> s = pd.Series(l)              # 可以通过 index 指定索引,如果不指定索引,则会自动从 0
开始生成索引,被称为"隐式索引"
>>> s
0    1
1    3
2    5
3    7
4    9
dtype: int64
# 指定 index:
>>> l = [1,3,5,7,9]
>>> s = pd.Series(l,index=['A','B','C','D','E'])    # 通过 index 设置显式索引
>>> s
A    1
B    3
C    5
D    7
E    9
dtype: int64
```

(2)通过 NumPy 创建,示例代码如下:

```
>>> s = pd.Series(np.random.randint(1,10,size=(3,)),index=['a','b','c'])
>>> s
a    5
b    4
c    8
dtype: int32
```

(3)通过字典创建,示例代码如下:

```
>>> dic = {"A":1,"B":2,"C":3,"D":2}
>>> s = pd.Series(dic)
>>> s
A    1
B    2
C    3
D    2
dtype: int64
```

2) Series 的索引和切片

因为 Series 只有一列,所以一般只对行进行操作。而由于索引分为隐式索引和显式索引,因此针对不同的索引类型操作起来也不一样。

(1)隐式索引的操作,示例代码如下:

```
>>> l = [1,3,5,7,9]
>>> s = pd.Series(l)
>>> s[0]
1
>>> s[[0,1]]
```

```
0    1
1    3
dtype: int64
>>> s[0:2]
0    1
1    3
dtype: int64
>>> s.iloc[0:2]
0    1
1    3
dtype: int64
>>> s.iloc[[0,1]]
0    1
1    3
dtype: int64
```

根据示例可知以下几点。

- s[0] 用于提取某一行，也可以说是提取某个数据。
- 在通过 s[[0,1]] 读取多行时，[0,1] 是列表。列表中可存储多个数据。
- s[0:2] 进行的是切片操作，用于提取第 0~2 行，但是只能提取第零行和第一行，取头不取尾。
- s.iloc[0:2] 使用 iloc 来专门对隐式索引进行相关操作，也是只能提取第零行和第一行，取头不取尾。
- s.iloc[[0,1]] 使用 iloc 来专门对隐式索引进行相关操作，与 s[[0,1]] 的作用相同。

（2）显式索引的操作，示例代码如下：

```
>>> l = [1,3,5,7,9]
>>> s = pd.Series(l,index=['A','B','C','D','E'])
>>> s['A']
1
>>> s[['A','B']]
A    1
B    3
dtype: int64
>>> s['A':'B']
A    1
B    3
dtype: int64
>>> s.loc['A':'B']
A    1
B    3
dtype: int64
>>> s.loc[['A','B']]
A    1
B    3
dtype: int64
```

根据示例可知以下几点。
- s['A'] 用于提取某一行或单个数据。
- s[['A', 'B']] 用于提取多行，可以是连续的，也可以是不连续的。
- s['A': 'B'] 进行的是切片操作，用于提取第 A～B 行，头和尾都可以提取，即可以提取第 B 行。
- s.loc['A': 'B'] 使用 loc 来专门对显式索引进行相关操作，也可以提取第 B 行。
- s.loc[['A', 'B']] 使用 loc 来专门对显式索引进行相关操作。

Series 的索引和切片只针对行而言，因为它只有一列。loc 是对显式索引进行的相关操作（处理标签），iloc 是针对隐式索引进行的相关操作（处理整数）。

根据以上两个示例可知，其实 s[0:2] 与 s.iloc[0:2] 没有明显区别（显式索引也一样），但这并不说明 iloc 没有应用价值，它主要应用于 DataFrame 中。

3）Series 的基本操作

（1）Series 数据显示。

head(n) 方法的作用是显示前 n 行数据，可以指定显示的行数，如果不写 n 则默认显示前 5 行。

tail(n) 方法的作用是显示后 n 行数据，可以指定显示的行数，如果不写 n 则默认显示后 5 行。

示例代码如下：

```
>>> l = [1,3,5,7,9,11,13]
>>> s = pd.Series(l,index=['A','B','C','D','E','F','G'])
>>> s.head()
A    1
B    3
C    5
D    7
E    9
dtype: int64
>>> s.tail()
C     5
D     7
E     9
F    11
G    13
dtype: int64
```

（2）Series 去重。

unique() 方法用于去除重复的数据，返回一维数组，示例代码如下：

```
>>> dic = {"A":1,"B":2,"C":3,"D":2}
>>> s = pd.Series(dic)
    >>> s.unique()   # 原 s 并未被修改，该结果返回的是一维数组
array([1, 2, 3], dtype=int64)
```

（3）Series 相加。

Series 相加会根据索引进行操作，索引相同则数值相加，索引不同则返回 NaN。NaN 在 Pandas 中表示 not a number，即缺失数据，它是 float 类型，可以参与运算，示例代码如下：

```
>>> lst = [1,3,5,6,10,23]
>>> s1 = pd.Series(lst,index=["A","B","C","D","E","F"])
>>> dic = {"A":1,"B":2,"C":3,"D":2}
>>> s2 = pd.Series(dic)
>>> s3 = s2+s1
>>> s3
A    2.0
B    5.0
C    8.0
D    8.0
E    NaN
F    NaN
dtype: float64
```

（4）Series 缺失数据查看。

为了查看 Series 中哪些是缺失数据，Pandas 中提供了两种方法：notnull() 方法与 isnull() 方法。

如果 notnull() 方法不为空，则返回 True，为空则返回 False。

如果 isnull() 方法不为空，则返回 False，为空则返回 True。

示例代码如下：

```
>>> s3.isnull()
A    False
B    False
C    False
D    False
E    True
F    True
dtype: bool
>>> s3.notnull()
A    True
B    True
C    True
D    True
E    False
F    False
dtype: bool
>>> s3[s3.notnull()]        # 只显示不为空的数据
A    2.0
B    5.0
C    8.0
D    8.0
dtype: float64
>>> s3[s3.isnull()]         # 只显示为空的数据
E    NaN
F    NaN
dtype: float64
```

2. DataFrame

DataFrame 是表格型数据结构，包含一组有序的列，每一列可以是不同的数据类型。DataFrame 有行索引和列索引，可以被视为由 Series 组成的字典。

1）创建 DataFrame

（1）通过字典创建，示例代码如下：

```
>>> data={"one":[1,2,3,4],"two":[5,6,7,8],"three":['A','B','C','D']}
>>> df = pd.DataFrame(data,index=[1,2,3,4])
>>> df
   one three  two
1    1     A    5
2    2     B    6
3    3     C    7
4    4     D    8
```

如果在创建 df 时不指定索引，则默认索引是从 0 开始步长为 1 的数组。

df 的每一行与每一列都可以是不同的数据类型，同一行也可以有多种数据类型。

在 df 创建完成后，可以重新设置索引，通常用到 3 种方法：set_index() 方法、reset_index() 方法、reindex() 方法。

set_index() 方法用于将 df 中的一行或多行设置为索引，语法格式如下：

```
df.set_index(['one'],drop=False)        # 设置一行索引
df.set_index(['one','two'])             # 设置两行索引
```

drop 的默认值为 True，表示在将该行设置为索引后从数据中删除，如果设为 False，则表示继续在数据中保留该行，示例代码如下：

```
>>> df.set_index('one')
    three  two
one
1       A    5
2       B    6
3       C    7
4       D    8
>>> df.set_index('one',drop=False)
    one three  two
one
1     1     A    5
2     2     B    6
3     3     C    7
4     4     D    8
```

reset_index 用于将索引还原成默认值，即从 0 开始步长为 1 的数组，语法格式如下：

```
df.reset_index(drop=True)
```

drop 的默认值为 False，表示将原来的索引保留，如果设为 True，则表示直接删除原来的索引，示例代码如下：

```
>>> df.reset_index()
   index  one three  two
```

```
0    1    1    A    5
1    2    2    B    6
2    3    3    C    7
3    4    4    D    8
>>> df.reset_index(drop=True)
   one three  two
0   1    A     5
1   2    B     6
2   3    C     7
3   4    D     8
```

（2）通过数组创建，示例代码如下：

```
>>> data=np.random.randn(6,4)      # 创建一个 6 行 4 列的数组
>>> df=pd.DataFrame(data,columns=list('ABCD'),index=[1,2,3,'a','b','c'])
>>> df
        A          B         C          D
1   0.321395  -0.310154  0.003430  -0.960856
2   1.182333  -0.245852  0.754585   0.742735
3   1.214201   0.965339 -0.279193   0.659415
a  -0.134515  -0.311964 -0.115268  -0.526975
b   0.451659  -1.752163  1.893569   0.859721
c   0.384658  -1.319706 -0.601308   0.913234
```

（3）创建一个空 DataFrame，示例代码如下：

```
>>> pd.DataFrame(columns=('a','b','c','d'))
Empty DataFrame
Columns: [a, b, c, d]
Index: []
```

2）读取 DataFrame

（1）按列读取。

①通过 df. 列名的方式，每次可以读取一列数据，示例代码如下：

```
>>> data=np.random.randn(6,4)# 创建一个 6 行 4 列的数组
>>> df=pd.DataFrame(data,columns=list('ABCD'),index=[1,2,3,'a','b','c'])
>>> df
        A          B         C          D
1   0.321395  -0.310154  0.003430  -0.960856
2   1.182333  -0.245852  0.754585   0.742735
3   1.214201   0.965339 -0.279193   0.659415
a  -0.134515  -0.311964 -0.115268  -0.526975
b   0.451659  -1.752163  1.893569   0.859721
c   0.384658  -1.319706 -0.601308   0.913234
>>> df.A
1    0.321395
2    1.182333
3    1.214201
a   -0.134515
b    0.451659
```

```
c  0.384658
Name: A, dtype: float64
```

②通过 df[' 列名 ']、df[[' 列名 ']]、df[[' 列名 1',' 列名 2',' 列名 n']] 的方式，可以根据列表中的列名读取各列的数据，示例代码如下：

```
>>> df['A']
1  0.321395
2  1.182333
3  1.214201
a  -0.134515
b  0.451659
c  0.384658
Name: A, dtype: float64
>>> df[['A']]
        A
1  0.321395
2  1.182333
3  1.214201
a  -0.134515
b  0.451659
c  0.384658
>>> df[['A','B']]
        A         B
1  0.321395 -0.310154
2  1.182333 -0.245852
3  1.214201  0.965339
a -0.134515 -0.311964
b  0.451659 -1.752163
c  0.384658 -1.319706
```

df.iloc[:,colNo] 或 df.iloc[:,colNo1:colNo2]

在一些时候，用户可能更希望通过列号而不是列名来读取数据，因为在需要读取多行时，逐个输入列名对用户而言是很麻烦的，这时，可以考虑使用 df.iloc，通过列号读取数据，示例代码如下：

```
>>> df.iloc[:,1:3]        # 读取第一列到第三列的数据
        B         C
1 -0.310154  0.003430
2 -0.245852  0.754585
3  0.965339 -0.279193
a -0.311964 -0.115268
b -1.752163  1.893569
c -1.319706 -0.601308
>>> df.iloc[:,2:]         # 读取第二列之后的数据
        C         D
1  0.003430 -0.960856
2  0.754585  0.742735
3 -0.279193  0.659415
```

```
a   -0.115268   -0.526975
b    1.893569    0.859721
c   -0.601308    0.913234
```

（2）按行读取。

①通过 df.loc[' 行标签 ']、df.loc[[' 行标签 ']]、df.loc[[' 行标签 1',' 行标签 2',' 行标签 n']] 的方式来读取。

df.loc 根据行标签读取数据，这里的行标签相当于索引，例如，通过 df.loc[[1]]、df.loc[['a']] 分别读取第一行和第三行，如果 df 的索引变为 ['a', 'b', 'c', 'd', 'e', 'f']，则分别读取第一行和第三行的操作将通过 df.loc[['a']]、df.loc[['c']] 来实现，即 df.loc 后面的 ' 行标签 ' 必须在索引中，示例代码如下：

```
>>> df.loc[[1]]
       A         B         C         D
1   0.321395  -0.310154  0.00343  -0.960856
>>> df.loc[[1,'a']]
       A         B         C         D
1   0.321395  -0.310154  0.003430  -0.960856
a  -0.134515  -0.311964  -0.115268 -0.526975
```

②通过 df.iloc[' 行号 ']、df.iloc[[' 行号 ']]、df.iloc[[' 行号 1',' 行号 2',' 行号 n']] 的方式来读取。

df.iloc 根据行号读取数据，行号是固定不变的，不受索引变化的影响。如果 df 的索引是默认值，则此时行号和行标签相同，故 df.loc 和 df.iloc 的用法也相同。

```
>>> df.iloc[[1]]
       A         B         C         D
2   1.182333  -0.245852  0.754585  0.742735
>>> df.iloc[[1,3]]
       A         B         C         D
2   1.182333  -0.245852  0.754585   0.742735
a  -0.134515  -0.311964  -0.115268 -0.526975
```

根据以上两个示例可知，df.loc[1] 和 df.iloc[1] 读取的内容不同，其中，df.loc[1] 读取的是索引为 1 的一行，而 df.iloc[1] 读取的则是第一行。

此外，df.iloc 可以通过切片的方式读取数据。切片是指先给出要读数据的首尾位置，然后读取位于首尾之间的数据。例如，通过切片的方式，以 df.iloc[1:5] 读取第一～四行的数据，代码如下：

```
>>> df.iloc[1:5]
       A         B         C         D
2   1.182333  -0.245852  0.754585   0.742735
3   1.214201   0.965339  -0.279193  0.659415
a  -0.134515  -0.311964  -0.115268 -0.526975
b   0.451659  -1.752163   1.893569  0.859721
```

③通过 df.ix 的方式，根据行标签或行号来读取，示例代码如下：

```
>>> df.ix[[1]]
       A         B         C         D
1   0.321395  -0.310154  0.00343  -0.960856
>>> df.ix[5]
```

A 0.384658
B -1.319706
C -0.601308
D 0.913234
Name: c, dtype: float64

df.loc、df.iloc、df.ix 的区别如下。

- df.loc 通过行标签读取数据。
- df.iloc 通过行号读取数据。
- df.ix 既可以通过行号读取数据，又可以通过行标签读取数据。当索引为数字且不从 0 开始时，分为两种情况：当每次读取一行时，通过行标签读取和通过行号读取有不同的写法，前者为 df.ix[[' 行标签 ']]，后者为 df.ix[行号]；当读取多行时，只能通过行标签而不能通过行号来读取。

（3）按单元格读取。

①通过下标 df[col][row] 或 df.col[row] 的方式，读取一个单元格，示例代码如下：

```
>>> df['A'][1]
0.32139526040136723
>>> df.A[1]
0.32139526040136723
```

②通过 df.loc[row][col] 或 df.loc[row,col] 的方式读取一个单元格。当需要读取一行多列数据时，语法格式如下：

df.loc[row][[col1,col2]]
df.loc[1,[col1,col2]]
df.loc[row][firstCol:endCol]
df.loc[row,firstCol:endCol]

示例代码如下：

```
>>> df.loc[1][['A','B']]
A  0.321395
B  -0.310154
Name: 1, dtype: float64
>>> df.loc[1,['A','B']]
A  0.321395
B  -0.310154
Name: 1, dtype: float64
>>> df.loc[1]['A':'C']
A  0.321395
B  -0.310154
C  0.003430
Name: 1, dtype: float64
>>> df.loc[1,'A':'C']
A  0.321395
B  -0.310154
C  0.003430
Name: 1, dtype: float64
```

当需要读取多行一列数据时，语法格式如下：
df.loc[[row1,row2]][col]
df.loc[[row1,row2]].col
df.loc[[row1,row2],col]

示例代码如下：
```
>>> df.loc[[1,2]]['A']
1    0.734001
2    0.588313
Name: A, dtype: float64
>>> df.loc[[1,2,'b']].B
1    0.078589
2    1.611030
b   -0.351371
Name: B, dtype: float64
>>> df.loc[[1,'a'],'A']
1    0.734001
a    0.789112
Name: A, dtype: float64
```

当需要读取多行多列数据时，语法格式如下：
df.loc[[row1,row2],[col1,col2]]
df.loc[[row1,row2]][[col1,col2]]
df.loc[[row1,row3],firstCol:endCol]

示例代码如下：
```
>>> df.loc[[1,2]][['A','C']]
        A         C
1   0.734001 -0.640129
2   0.588313 -0.770582
>>> df.loc[[1,'b'],['A','C']]
        A         C
1   0.734001 -0.640129
b   0.455399  0.520073
>>> df.loc[[1,'b'],'A':'C']
        A         B         C
1   0.734001  0.078589 -0.640129
b   0.455399 -0.351371  0.520073
```

3）DataFrame 赋值

（1）按列赋值，示例代码如下：
df.col=colList/colValue
df[col]=colList/colValue
eg. df.A=[1,2,3,4,5,6],df['A']=0

如果用一个列表或数组赋值，则长度必须和 df 的行数相同。

（2）按行赋值，示例代码如下：
df.loc[row]=rowList
df.loc[row]=rowValue

· 163 ·

（3）为多行多列赋值，示例代码如下：

df.loc[[row1,row2],[col1,col2]]=value/valueList
df.iloc[[rowNo1,rowNo2],[colNo1,colNo2]]=value/valueList
df.iloc[[rowNo1,rowNo2]][[col1,col2]]=value/valueList
df.ix[firstRow:endRow,firstCol:endCol]=value/valueList

4）DataFrame 数据插入

（1）在任意位置插入。

①插入一列，语法格式如下：

insert(ioc,column,value)

- ioc：要插入的位置。
- column：列名。
- value：值。

示例代码如下：

df.insert(2,'four',[11,22,22,22])

②插入一行，示例代码如下：

row={'one':111,'two':222,'three':333}
df.loc[1]=row or
df.iloc[1]=row or
df.ix[1]=row or

（2）在末尾插入。

如果插入一行或一列，使用以上方法将插入位置设置为末尾即可。当需要插入多行多列时，语法格式如下：

pandas.concat(objs, axis=0, join_axes=None, ignore_index=False)

- objs：合并对象。
- axis：合并方式，默认值为 0，表示按列合并；如果值为 1，则表示按行合并。
- ignore_index：是否忽略索引。

示例代码如下：

# 按行合并
pd.concat([df,df1],axis=1)
# 按列合并
pd.concat([df,df1],axis=0)

通过 append() 方法可以完成相同的操作：

df.append(df2)

5）DataFrame 数据删除

语法格式如下：

drop(labels, axis=0, level=None, inplace=False)

- labels：要删除数据的标签。
- axis：0 表示删除行，1 表示删除列，默认值为 0。
- inplace：是否在当前 df 中执行此项操作。

示例代码如下：

df.drop(['one', 'two'],axis=1)
df.drop([1,3],axis=0)

案例分析与实现

案例分析

超市营业额数据是某超市一个月的数据,其中包括工号、姓名(脱敏处理)、日期、时段、交易额、柜台6类信息。超市营业额数据样例如表11-4所示。

表 11-4 超市营业额数据样例

工号	姓名	日期	时段	交易额	柜台
20200701	小明	2021-07-01	9:00—14:00	1097.94	洗化用品
20200702	小刚	2021-07-01	14:00—21:00	3025.86	洗化用品
20200703	小花	2021-07-01	9:00—14:00	2545.62	食品饮料
20200704	小红	2021-07-01	14:00—21:00	892.62	食品饮料
20200705	小米	2021-07-01	9:00—14:00	2704.83	生活用品
20200706	小黑	2021-07-01	14:00—21:00	798.66	生活用品
20200706	小黑	2021-07-01	9:00—14:00	1088.37	水果蔬菜
20200705	小米	2021-07-01	14:00—21:00	2278.53	水果蔬菜

案例实现

在分析数据之前先通过 info() 方法和 describe() 方法查看数据的主要内容,代码如下:

```
import numpy as np
import pandas as pd
df = pd.read_excel(" 超市营业额数据 .xlsx")  # 读取数据
print(df.info())
print(df.describe())
```

运行结果如下:

```
<class 'pandas.core.frame.DataFrame'>
RangeIndex: 256 entries, 0 to 255
Data columns (total 6 columns):
 #   Column  Non-Null Count  Dtype
---  ------  --------------  -----
 0   工号      256 non-null    int64
 1   姓名      256 non-null    object
 2   日期      256 non-null    datetime64[ns]
 3   时段      256 non-null    object
 4   交易额     250 non-null    float64
 5   柜台      256 non-null    object
dtypes: datetime64[ns](1), float64(1), int64(1), object(3)
memory usage: 12.1+ KB

            工号        交易额
```

```
count  2.560000e+02   250.000000
mean   2.020070e+07  2038.044600
std    1.429384e+00   839.367627
min    2.020070e+07   624.660000
25%    2.020070e+07  1312.395000
50%    2.020070e+07  2083.215000
75%    2.020070e+07  2802.052500
max    2.020071e+07  3470.430000
```

根据运行结果可知，数据记录一共有 256 条，共分为 6 个字段，其中工号是整数类型，日期是日期类型，交易额是浮点数类型，其他字段都是字符串类型（交易额中部分数据缺失）。

从数理统计的角度，可以获取数字类型变量的最大值、最小值、平均值、四分位值等信息。其中由于工号默认读取的是数字类型，但并没有实际意义，因此将其转换为字符串类型，代码如下：

```
df[' 工号 '] = df[' 工号 '].apply(lambda x:str(x))
print(df.info())
print(df.describe())
```

```
<class 'pandas.core.frame.DataFrame'>
RangeIndex: 256 entries, 0 to 255
Data columns (total 6 columns):
 #   Column  Non-Null Count  Dtype
---  ------  --------------  -----
 0   工号      256 non-null    object
 1   姓名      256 non-null    object
 2   日期      256 non-null    datetime64[ns]
 3   时段      256 non-null    object
 4   交易额     250 non-null    float64
 5   柜台      256 non-null    object
dtypes: datetime64[ns](1), float64(1), object(4)
memory usage: 12.1+ KB

           交易额
count  250.000000
mean   2038.044600
std     839.367627
min     624.660000
25%    1312.395000
50%    2083.215000
75%    2802.052500
max    3470.430000
```

在处理完工号后，不再将其作为数字类型进行计算。

1. 缺失数据处理

通过查看数据详情可以发现，交易额数据中存在部分数据缺失的情况。为了不影响数据分析的结果，对缺失的交易额数据使用每个员工自己所有交易额的中位数进行填充，并将修改后的数据存储为"数据填充.xlsx"文件，代码如下：

```python
# 循环遍历，查找所有缺失数据的索引
for i in df[df[' 交易额 '].isnull()].index:
    # 通过缺失数据的索引查找对应的员工，使用员工所有交易额的中位数填充缺失数据
    df.loc[i,' 交易额 '] = round(df.loc[df. 姓名 ==df.loc[i,' 姓名 '],' 交易额 '].median())
print(df.info())
```

运行结果如下：

```
<class 'pandas.core.frame.DataFrame'>
RangeIndex: 256 entries, 0 to 255
Data columns (total 6 columns):
 #   Column  Non-Null Count  Dtype
---  ------  --------------  -----
 0   工号      256 non-null    object
 1   姓名      256 non-null    object
 2   日期      256 non-null    datetime64[ns]
 3   时段      256 non-null    object
 4   交易额     256 non-null    float64
 5   柜台      256 non-null    object
dtypes: datetime64[ns](1), float64(1), object(4)
memory usage: 12.1+ KB
```

根据运行结果可知，缺失的交易额数据已经被填充完整。

填充完整的数据被存储到文件中，代码如下：

```python
df.to_excel(" 数据填充 .xlsx",index=False)
```

2. 数据查看

查看单日交易额的最大值和最小值，并查看对应的日期，代码如下：

```python
# 根据日期分类汇总，按交易额求和
df_min = df.groupby(by=" 日期 ",as_index=False).agg({' 单日交易额 ':'sum'}).nsmallest(1,[" 日期 "," 单日交易额 "])
df_max = df.groupby(by=" 日期 ",as_index=False).agg({' 单日交易额 ':'sum'}).nlargest(1,[" 日期 "," 单日交易额 "])
print(df_min)
print(pd.to_datetime(df_min[' 日期 ']).dt.day_name())
print(df_max)
print(pd.to_datetime(df_max[' 日期 ']).dt.day_name())
```

运行结果如下：

```
        日期      单日交易额
0  2021-07-01  16864.08
0    Thursday
Name: 日期 , dtype: object
        日期       单日交易额
30 2021-07-31  16986.75
30   Saturday
Name: 日期 , dtype: object
```

根据运行结果可知，交易额最低的一天是周四，交易额为 16864.08；交易额最高的一天是周六，交易额为 16986.75。通过进一步分析，周四为工作日，可能导致外出消费的人数较少，

故交易额也较低；周六为休息日，外出消费的人数较多，故交易额也较高。

3. 数据统计

（1）统计每个柜台的月交易额，代码如下：

df = df.groupby(by=' 柜台 ',as_index=False).agg({' 月交易额 ':'sum'})
print(df)

运行结果如下：

```
   柜台     月交易额
0  水果蔬菜  134818.68
1  洗化用品  128189.28
2  生活用品  128331.09
3  食品饮料  118172.10
```

根据运行结果可知，水果蔬菜的月交易额最高。

（2）统计每个员工的月交易额，代码如下：

df = df.groupby(by=' 姓名 ',as_index=False).agg({' 月交易额 ':'sum'})
print(df)

运行结果如下：

```
   姓名  月交易额
0  小刚  111471.36
1  小明  36218.97
2  小米  109844.46
3  小红  65331.78
4  小花  147066.54
5  小黑  39578.04
```

根据运行结果可知，小花的月交易额最高。

（3）统计每个员工在不同柜台的月交易额，代码如下：

df = df.groupby([' 姓名 ',' 柜台 '],as_index=False).agg({' 月交易额 ':'sum'})
print(df)

运行结果如下：

```
    姓名  柜台     月交易额
0   小刚  水果蔬菜  27109.20
1   小刚  洗化用品  30379.53
2   小刚  生活用品  24013.74
3   小刚  食品饮料  29968.89
4   小明  水果蔬菜   8847.90
5   小明  洗化用品  10084.17
6   小明  生活用品  10972.44
7   小明  食品饮料   6314.46
8   小米  水果蔬菜  29350.32
9   小米  洗化用品  21366.33
10  小米  生活用品  29157.18
11  小米  食品饮料  29970.63
12  小红  水果蔬菜  18278.70
13  小红  洗化用品  23421.27
14  小红  生活用品   9946.71
```

```
15  小红  食品饮料  13685.10
16  小花  水果蔬菜  43956.75
17  小花  洗化用品  36379.05
18  小花  生活用品  35825.73
19  小花  食品饮料  30905.01
20  小黑  水果蔬菜  7275.81
21  小黑  洗化用品  6558.93
22  小黑  生活用品  18415.29
23  小黑  食品饮料  7328.01
```

根据运行结果可知，小刚在洗化用品柜台的月交易额最高；小明在生活用品柜台的月交易额最高；小米在食品饮料柜台的月交易额最高；小红在洗化用品柜台的月交易额最高；小花在水果蔬菜柜台的月交易额最高；小黑在生活用品柜台的月交易额最高。

通过上面的分析，为了能够有效地提高超市营业额，管理人员需要对员工进行合理安排，将他们安排到其个人月交易额最高的柜台进行销售工作，并且可以在周四等工作日推出一些优惠活动，从而吸引更多顾客前来消费，以进一步提高工作日的超市营业额。

本章小结

本章通过超市营业额数据分析案例，引出数据处理的基本知识。详细介绍 Python 在数据分析和处理领域中常用的两个模块：NumPy 和 Pandas。通过本章的学习，学生能够全面掌握数据处理的方法。

课后训练

一、选择题

1. 关于 DataFrame，以下描述错误的是（　　）。
   A．是一个表格型的数据结构
   B．列是有序的
   C．列与列之间的数据类型可以互不相同
   D．每一行都是一个 Series 对象

2. 如果 bArray = np.array([[1,2,3],[4,5,6]])，则 bArray.ndim 的结果是（　　）。
   A．1　　　　　　　B．2　　　　　　　C．3　　　　　　　D．4

3. 已知代码如下：

```
df=pd.DataFrame({'a':list("opq")
'b':[3,2,1]}
index=['e','f','g'])
```

   以下描述错误的是（　　）。
   A．df[0:1] 用于返回第零行的数据

B. df[0:1] 用于返回第零列的数据

C. 执行 df[0] 会报错

D. 执行 df['e'] 会报错

4. 在 NumPy 中，用于获取数组长度属性的是（　　）。

　　A. dtype　　　B. shape　　　C. ndim　　　D. size

5. 在 NumPy 中创建一个所有元素均为 0 的数组，可以使用（　　）函数来实现。

　　A. zeros()　　B. arange()　　C. linspace()　　D. logspace()

6. 已知数组 n = np.arange(24).reshape(2,-1,2,2)，n.shape 的返回结果是（　　）。

　　A. (2, 3, 2, 2)　　B. (2, 2, 2, 2)　　C. (2, 4, 2, 2)　　D. (2, 6, 2, 2)

7. 以下（　　）不是 NumPy 中数组的属性。

　　A. ndim　　　B. size　　　C. shape　　　D. add

8. 关于 Pandas，以下描述错误的是（　　）。

　　A. 在处理数据时以矩阵为数学基础

　　B. 是基于 NumPy 的数学运算拓展包

　　C. 提供自封装的 Size 与 DataFram 两大数据结构

　　D. 在数学运算中完全可以替代 NumPy

二、程序设计题

编写程序，实现以下功能。

（1）使用 NumPy 中的 arange() 函数，创建一个元素为 1~20 的数组。

（2）将（1）中的数组创建生成 DataFrame。

（3）显示 DataFrame 的基础信息，包括行数、列名、数值和数据类型。

（4）统计 DataFrame 中的最大值与最小值。

第 12 章

超市营业额数据再分析之数据可视化

案例描述

在第 11 章超市营业额数据分析的案例中,通过数据分析可以得出一些结论,但这些结论都是一些抽象的数字,无法一直被有效地呈现出来。对超市管理人员而言,无法直观发现其中包含的主要信息。要求通过数据可视化实现对上述问题的有效解决。

知识准备

在数据分析工作中,为了让研究人员更加直观地分析不同的数据,数据可视化是不可避免的问题。数据可视化是借助图形化的手段将数据以图形的形式表现出来,能够更加直观地展示数据,使数据分析变得更加简单、高效、直观。本章将介绍 Python 中有着广泛应用的两个数据可视化模块。

12.1 Matplotlib

12.1.1 Matplotlib 简介

Matplotlib 是一个 Python 的 2D 绘图模块,它以各种硬拷贝格式和跨平台的交互式环境生成出版级别的图形。通过 Matplotlib,开发人员仅需几行代码,便可以生成绘图,包括直方图、条形图、散点图等,是目前 Python 中使用十分广泛的数据可视化模块之一。

12.1.2 Matplotlib 安装

通过 pip 工具安装 Matplotlib,代码如下:

```
pip install matplotlib
```

12.1.3 图形绘制

1. 基本用法

通过配置 x 轴、y 轴的数据,绘制简单图形,示例代码如下:

```
from matplotlib import pyplot as plt      # 导包
x = [1, 2, 3]                              # 配置 x 轴数据
```

```
y = [1, 2, 3]                    # 配置 y 轴数据
plt.plot(x, y)                   # 绘制图形
plt.show()                       # 图形展示
plt.savefig("./pic.png")         # 图形存储
```

简单折线图绘制效果如图 12-1 所示。

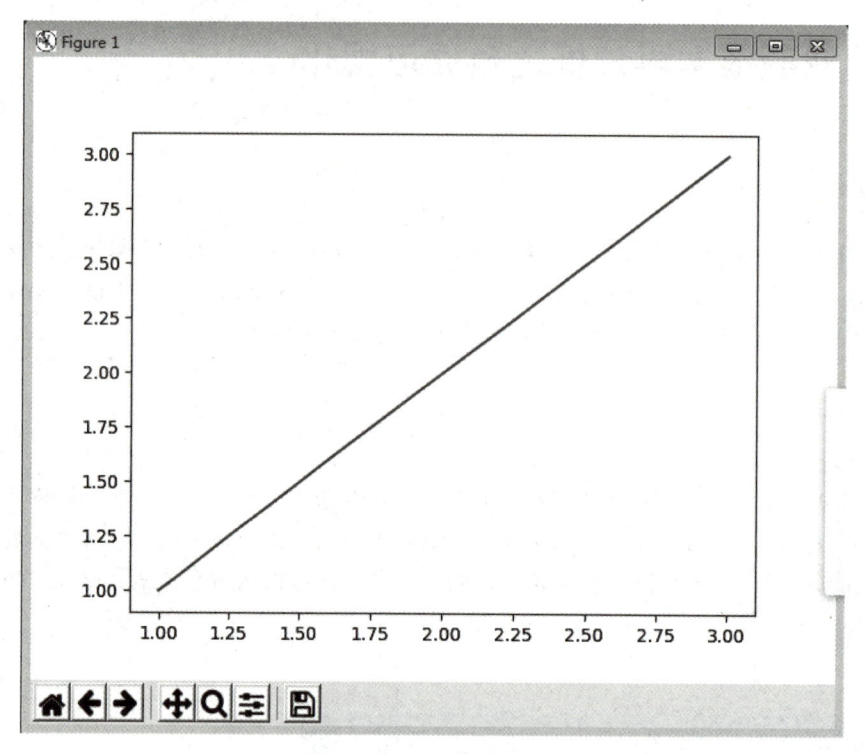

◎ 图 12-1　简单折线图绘制效果

2. 设置图形大小和线条格式

设置图形大小，示例代码如下：

```
fig = plt.figure(figsize=(20, 8), dpi=80)
```

figsize 用于设置图形的长度和宽度，单位为英寸；dpi 表示每英寸长度内像素的个数。上述代码生成的图形大小为 1600 像素×640 像素。

设置线条格式，示例代码如下：

```
plt.plot(x, y, color="red", linestyle="-.", linewidth=5, alpha=0.4)
```

color 用于设置线条的颜色，linestyle 用于设置线条的样式，linewidth 用于设置线条的宽度，alpha 用于设置线条的透明度，示例代码如下：

```
from matplotlib import pyplot as plt                              # 导包
x = [1, 2, 3]                                                     # 配置 x 轴数据
y = [1, 2, 3]                                                     # 配置 y 轴数据
fig = plt.figure(figsize=(20, 8), dpi=80)
plt.plot(x, y, color="red", linestyle="-.", linewidth=5, alpha=0.4)   # 图形绘制
plt.show()                                                        # 图形展示
plt.savefig("./pic.png")                                          # 图形存储
```

添加线条样式后的绘制效果如图 12-2 所示。

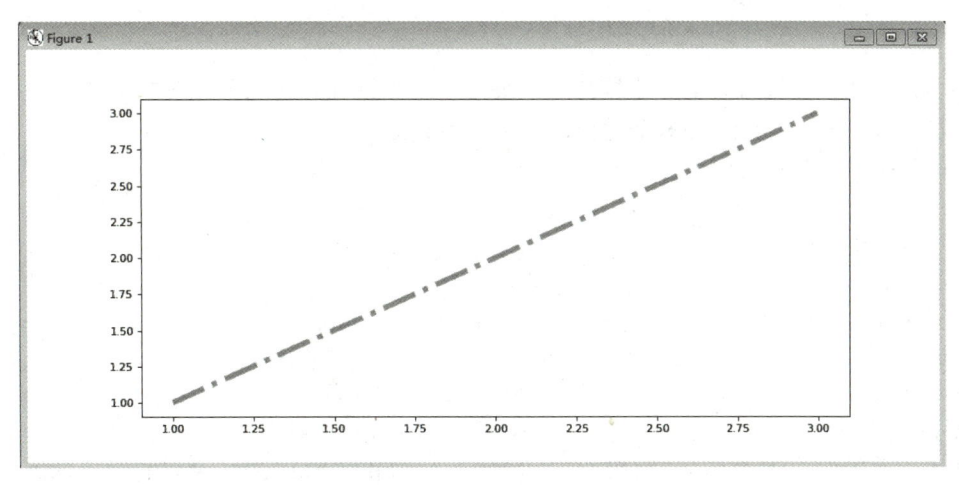

◎ 图 12-2　添加线条样式后的绘制效果

3. 添加图例

示例代码如下：

```
plt.plot(x, y, color="red", linestyle="-.", linewidth=5, alpha=0.4, label="number ")
plt.legend( loc=("upper left"))
```

在绘制时，label 用于添加标签，loc 用于设置图例的显示位置，示例代码如下：

```
from matplotlib import pyplot as plt                         # 导包
x = [1, 2, 3]                                                # 配置 x 轴数据
y = [1, 2, 3]                                                # 配置 y 轴数据
fig = plt.figure(figsize=(20, 8), dpi=80)
plt.plot(x, y, color="red", linestyle="-.", linewidth=5, alpha=0.4, label="number")   # 图形绘制
plt.legend( loc=("upper left"))
plt.show()                                                   # 图形展示
plt.savefig("./pic.png")                                     # 图形存储
```

添加图例后的绘制效果如图 12-3 所示。

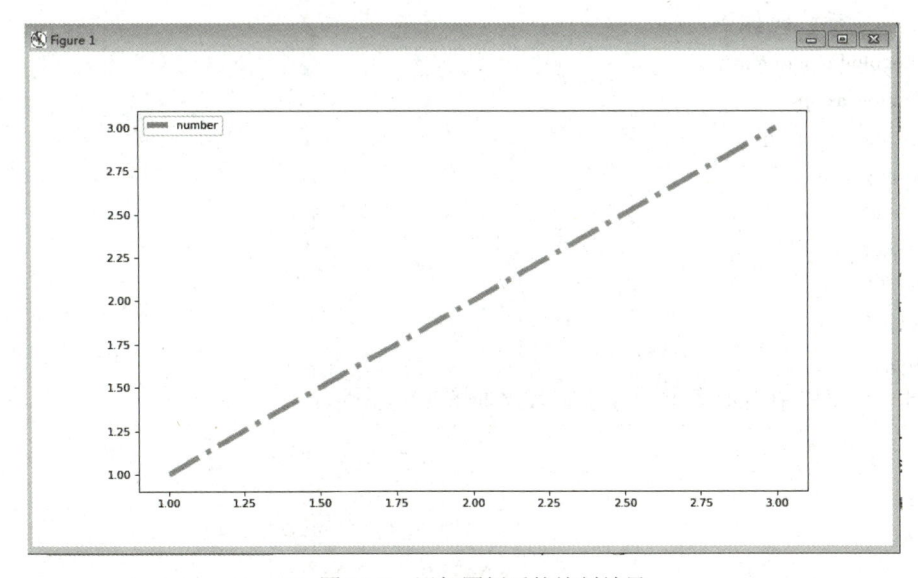

◎ 图 12-3　添加图例后的绘制效果

4. 绘制多个图形

为了对比多组数据或者通过不同的方式展示一组数据，有时需要同时绘制多个图形。

通过 plt.figure() 函数绘制多个图形，示例代码如下：

```
import matplotlib.pyplot as plt
import numpy as np
data = np.arange(0,100)
plt.plot(data)
data2 = np.arange(100, 200)
plt.figure()
plt.plot(data2)
plt.show()
```

上述代码绘制了两个图形，分别是（0,100）区间和（100,200）区间的线形图。多个图形绘制效果如图 12-4 所示。

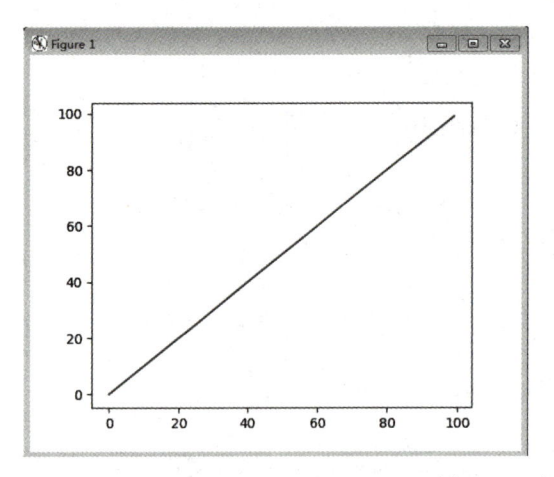

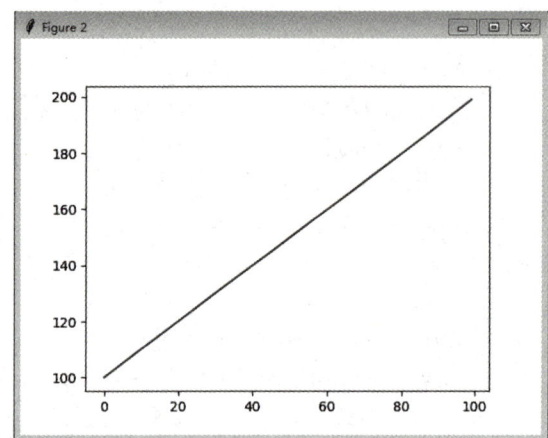

◎ 图 12-4　多个图形绘制效果

在一些情况下，用户希望在同一个窗口中显示多个图形。此时可以使用多个 subplot() 函数来实现，示例代码如下：

```
import matplotlib.pyplot as plt
import numpy as np
data = np.arange(0,100)
plt.subplot(2, 1, 1)
plt.plot(data)
data2 = np.arange(100,200)
plt.subplot(2, 1, 2)
plt.plot(data2)
plt.show()
```

在同一个窗口中显示多个图形绘制效果如图 12-5 所示。

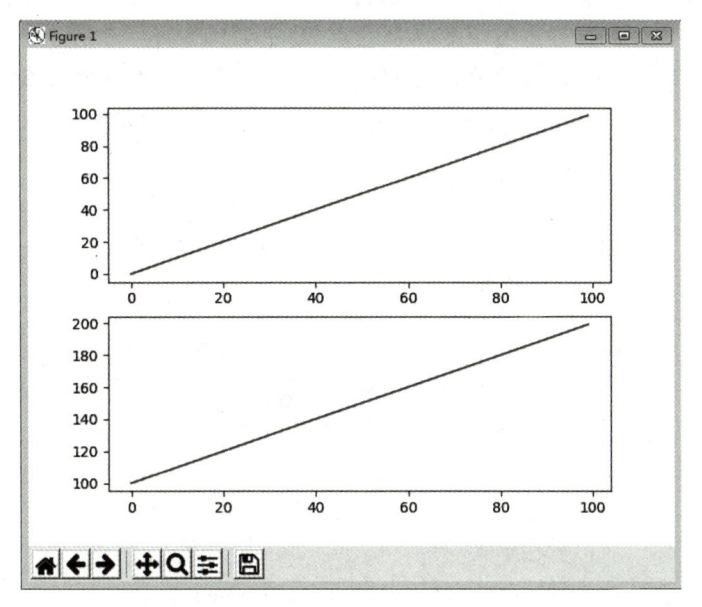

◎ 图 12-5　在同一个窗口中显示多个图形绘制效果

subplot() 函数以矩阵的形式来分割当前图形，函数中的前两个参数分别指定了矩阵的行数和列数，而第三个参数则指定了矩阵中的索引。

可知，以下代码指的是 2 行 1 列矩阵中的第一个子图：

plt.subplot(2, 1, 1)

以下代码指的是 2 行 1 列矩阵中的第二个子图：

plt.subplot(2, 1, 2)

12.1.4　常见图形示例

除了线形图，Matplotlib 还可以用来绘制很多图形式样，下文介绍几种常用的图形绘制方法。

1. 散点图

scatter() 函数用来绘制散点图，需要两组配对的数据指定 x 轴和 y 轴的坐标，示例代码如下：

```
import matplotlib.pyplot as plt
import numpy as np
N = 20
plt.scatter(np.random.rand(N) * 100,
  np.random.rand(N) * 100,
  c='r', s=100, alpha=0.5)
plt.scatter(np.random.rand(N) * 100,
  np.random.rand(N) * 100,
  c='g', s=200, alpha=0.5)
plt.scatter(np.random.rand(N) * 100,
  np.random.rand(N) * 100,
  c='b', s=300, alpha=0.5)
plt.show()
```

上述代码中包含 3 组数据，每组数据都包含 20 个随机坐标，在各项参数中，c 指定点的颜色，s 指定点的大小，alpha 指定点的透明度。散点图绘制效果如图 12-6 所示。

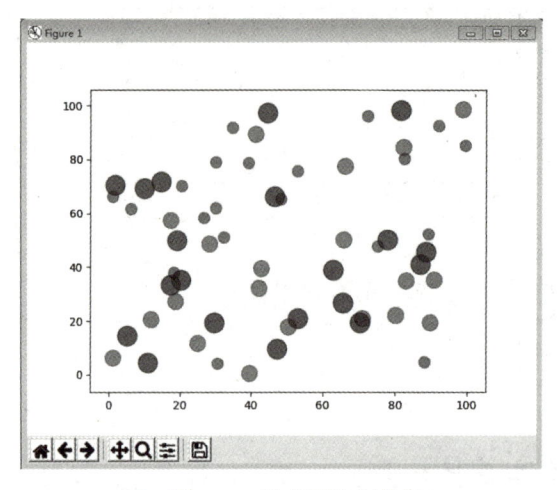

◎ 图 12-6　散点图绘制效果

2. 饼状图

pie() 函数用来绘制饼状图。饼状图通常用来表达集合中各个部分的占比，示例代码如下：

```
import matplotlib.pyplot as plt
import numpy as np
labels = ['Mon', 'Tue', 'Wed', 'Thu', 'Fri', 'Sat', 'Sun']
data = np.random.rand(7) * 100
plt.pie(data, labels=labels, autopct='%1.1f%%')
plt.axis('equal')
plt.legend()
plt.show()
```

上述代码中的 data 指定包含 7 个随机数值，labels 用于添加标签，autopct 用于指定数值的精度格式，plt.axis('equal') 函数指定坐标轴大小一致，plt.legend() 函数指定要绘制图例（见图的右上角）。饼状图绘制效果如图 12-7 所示。

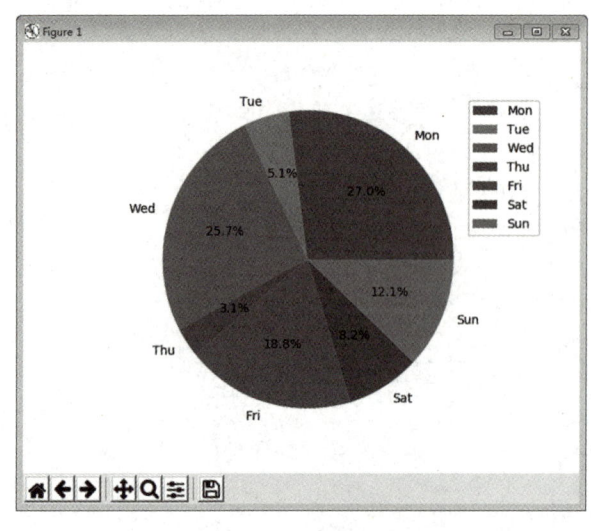

◎ 图 12-7　饼状图绘制效果

3. 条形图

bar() 函数用来绘制条形图。条形图常常用来描述一组数据的对比情况，示例代码如下（一周 7 天，对比每天的城市车流量）：

```
import matplotlib.pyplot as plt
import numpy as np
N = 7
x = np.arange(N)
data = np.random.randint(low=0, high=100, size=N)
colors = np.random.rand(N * 3).reshape(N, -1)
labels = ['Mon', 'Tue', 'Wed', 'Thu', 'Fri', 'Sat', 'Sun']
plt.title("Weekday Data")
plt.bar(x, data, alpha=0.8, color=colors, tick_label=labels)
plt.show()
```

上述代码中的 data 指定包含 7 个数，且每个数都是区间为 [0, 100] 的随机数；colors 指定通过随机数生成的颜色；np.random.rand(N * 3).reshape(N, -1) 指定先生成 21（N * 3）个随机数，然后将它们组装成 7 行，这样一来，每行就是 3 个数，分别对应颜色的 3 个组成部分；title 指定图形的标题，labels 指定标签，alpha 指定透明度。条形图绘制效果如图 12-8 所示。

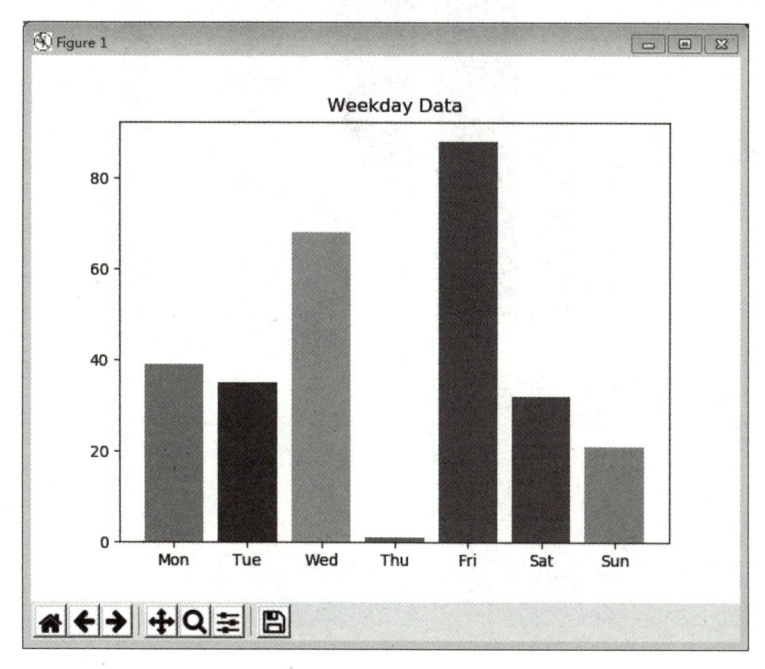

◎ 图 12-8　条形图绘制效果

4. 直方图

hist() 函数用来绘制直方图。直方图看起来与条形图类似，但它们的含义是不同的。直方图展示了某个范围内数据出现的频率，示例代码如下：

```
import matplotlib.pyplot as plt
import numpy as np
data = [np.random.randint(0, n, n) for n in [3000, 4000, 5000]]
labels = ['3K', '4K', '5K']
```

```
bins = [0, 100, 500, 1000, 2000, 3000, 4000, 5000]
plt.hist(data, bins=bins, label=labels)
plt.legend()
plt.show()
```

上述代码中的 [np.random.randint(0, n, n) for n in [3000, 4000, 5000]] 指定生成 3 个数组，其中第一个数组中包含 3000 个随机数，这些随机数的取值范围是 [0, 3000)；第二个数组中包含 4000 个随机数，这些随机数的取值范围是 [0, 4000)；第三个数组中包含了 5000 个随机数，这些随机数的取值范围是 [0, 5000)。

bins 用来指定直方图的边界，即 [0, 100) 区间内会有一个数据点，[100, 500) 区间内会有一个数据点，以此类推。最终一共显示 7 个数据点。同样地，上述代码指定了标签和图例。直方图绘制效果如图 12-9 所示。

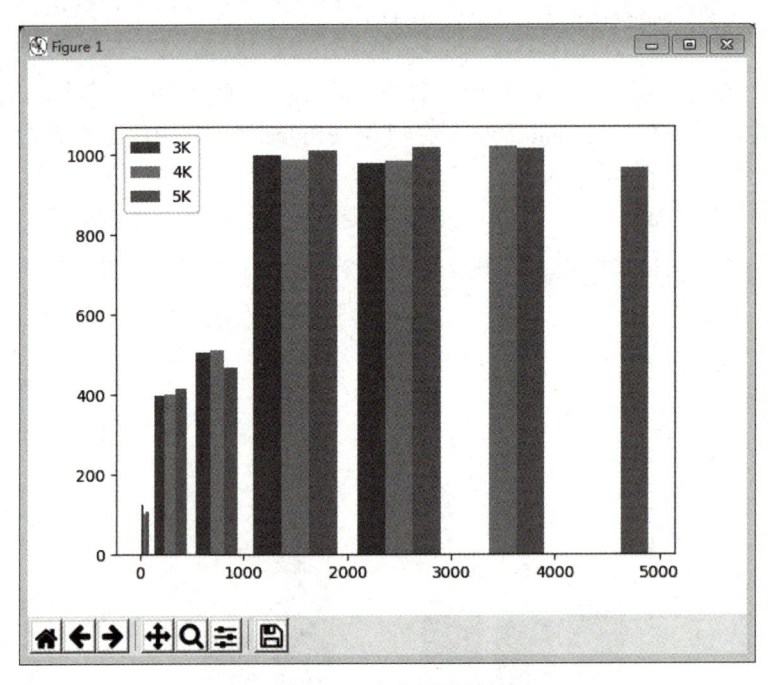

◎ 图 12-9　直方图绘制效果

12.2　Pyecharts

除了 Matplotlib 数据可视化模块，还有一款功能强大的数据可视化模块——Pyecharts。

12.2.1　Pyecharts 简介

Pyecharts 是一个用于绘制 Echarts 图形的模块。Echarts 是百度开源的一个数据可视化 JS 模块。使用 Pyecharts 可以直接生成独立的网页，且图形展示效果好，被广泛应用于 Python Web 服务中。Pyecharts 的 API 设计简洁，支持链式调用，简单易学。

12.2.2 Pyecharts 安装

通过 pip 工具安装 Pyecharts，代码如下：

```
pip install pyecharts
```

12.2.3 图形绘制

Pyecharts 的绘图步骤如下。

1. 选择图形类型

Pyecharts 支持的函数与图形非常丰富，如表 12-1 所示。

表 12–1 Pyecharts 支持的函数与图形

函数	图形	函数	图形
Scatter()	散点图	Funnel()	漏斗图
Bar()	条形图	Gauge()	仪表盘
Pie()	饼状图	Graph()	关系图
Line()	折线图	Liquid()	水球图
Radar()	雷达图	Parallel()	平行坐标系
Boxplot()	箱型图	Polar()	极坐标图
WordCloud()	词云图	HeatMap()	热力图

2. 确定图形类型并添加数据

基于数据特点确定要绘制的图形类型，通过 import 语句导入，语法格式如下：

```
from pyecharts.charts import 函数名
```

示例代码如下：

```
from pyecharts.charts import Scatter    # 导入散点图
```

在确定图形类型之后即可添加数据。对于不同类型的图形，添加数据的方式有所不同。

因为散点图、条形图、折线图等二维图形既有 x 轴，又有 y 轴，所以用户不仅要为 x 轴添加数据，还要为 y 轴添加数据，语法格式如下：

```
.add_xaxis(xaxis_data=x)              # 为 x 轴添加数据
.add_yaxis(series_name='', y_axis=y)  # 为 y 轴添加数据
```

条形图示例代码如下：

```
from pyecharts.charts import Bar
bar = Bar()
bar.add_xaxis([" 衬衫 "," 羊毛衫 "," 雪纺衫 "," 裤子 "," 高跟鞋 "," 袜子 "])
bar.add_yaxis(" 商家 A", [5, 20, 36, 10, 75, 90])
# render() 函数可以生成本地 HTML 文件，默认会在当前目录下生成 render.html 文件
# 也可以传入路径参数，如 bar.render("mycharts.html")
bar.render()
```

条形图绘制效果如图 12-10 所示。

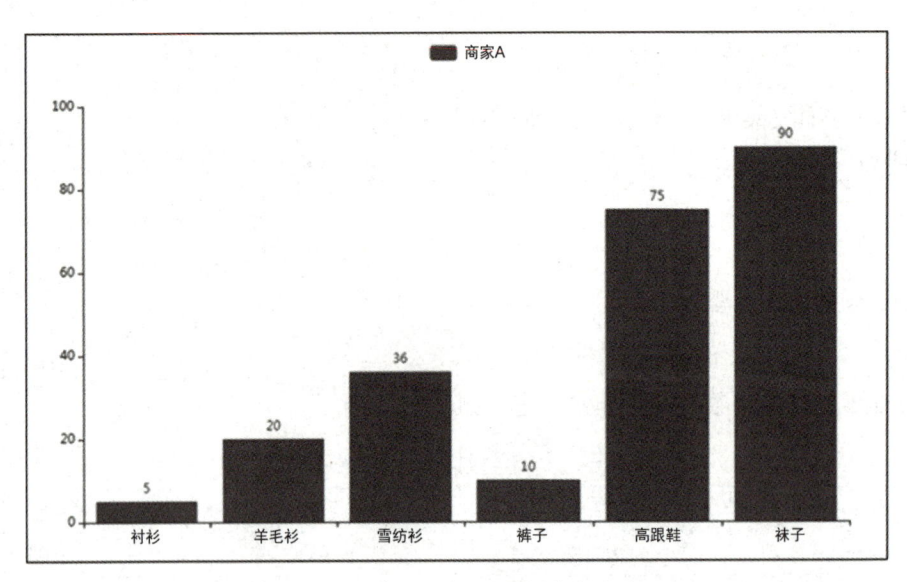

◎ 图 12-10 条形图绘制效果

像饼状图、词云图等没有 x 轴、y 轴区分的图形，直接使用 add() 方法添加数据即可，语法格式如下：

.add(series_name='', data_pair=[(i,j)for i,j in zip(lab,num)]);

饼状图示例代码如下：

```
from pyecharts.charts import Pie
import pyecharts.options as opts
num = [5, 20, 36, 10, 75, 90]
lab = [" 衬衫 "," 羊毛衫 "," 雪纺衫 "," 裤子 "," 高跟鞋 "," 袜子 "]
x = [(i, j) for i , j in zip(lab, num)]
pie = Pie(init_opts=opts.InitOpts(width='700px',height='300px'))
pie.add(series_name='', data_pair=x)
pie.render()
```

上述代码中的 options 是 Pyecharts 的配置模块，用于对图像的长度和宽度等进行设置。

在通过 add() 方法向饼状图中添加数据时，series_name 用来设置数据序列的名称。饼状图绘制效果如图 12-11 所示。

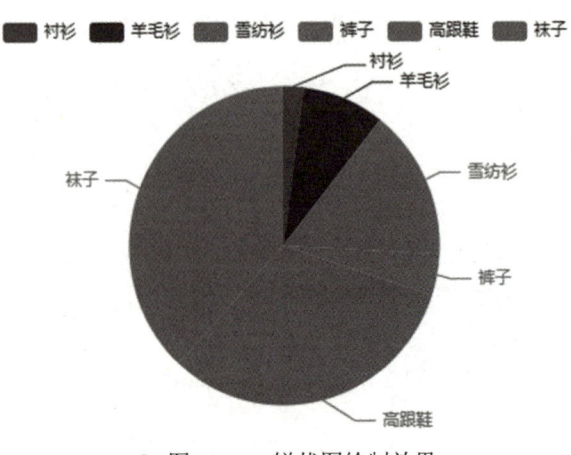

◎ 图 12-11 饼状图绘制效果

3. 选择全局变量

以上两个示例中绘制的图形都是基本图形展示。如果想要使自己绘制的图形更加美观，则需要进行全局配置，为图形添加图例、标题等。所有的全局配置都通过 options 来实现。用户在进行全局配置时，需要导入 options，代码如下：

```
import pyecharts.options as opts
```

在使用 options 时，可通过 set_global_options() 方法进行全局配置。全局配置参数如表 12-2 所示。

表 12–2 全局配置参数

参数	说明	参数	说明
title_opts	标题	xaxis_opts	x 轴
legend_opts	图例	yaxis_opts	y 轴
tooltip_opts	提示框	visualmap_opts	视觉映射
toolbox_opts	工具箱	datazoom_opts	区域缩放组件
brush_opts	区域选择组件	graphic_opts	原生图形元素组件

为图形添加标题，示例代码如下：

```
from pyecharts.charts import Bar
from pyecharts import options as opts
bar = Bar()
bar.add_xaxis([" 衬衫 "," 羊毛衫 "," 雪纺衫 "," 裤子 "," 高跟鞋 "," 袜子 "])
bar.add_yaxis(" 商家 A", [5, 20, 36, 10, 75, 90])
bar.add_yaxis(" 商家 B", [7, 16, 30, 11, 88, 120])
bar.set_global_opts(title_opts=opts.TitleOpts(
    title=" 图形示范 ",
    subtitle=" 销量 ",
    pos_left="20%"
))
bar.render()
```

上述代码通过全局配置中的 title_opts 参数为图形添加标题，绘制效果如图 12-12 所示。

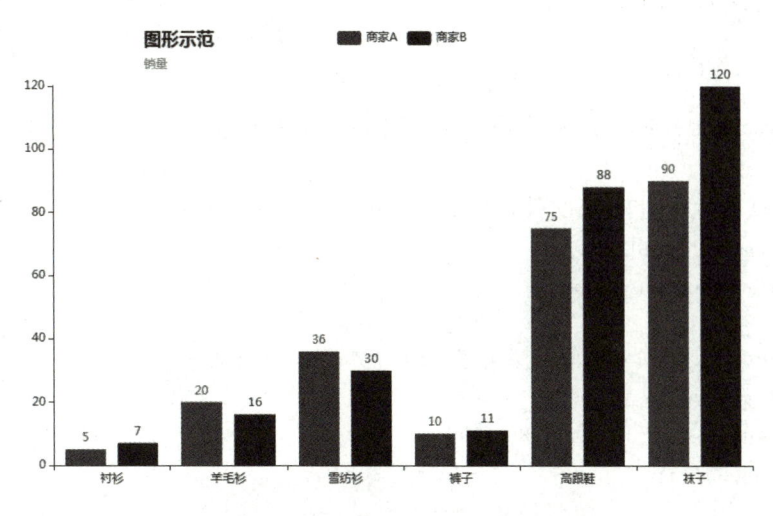

◎ 图 12-12 为图形添加标题绘制效果

可以通过 visualmap_opts 参数丰富所绘制的图形颜色，代码如下：

```
bar.set_global_opts(visualmap_opts=opts.VisualMapOpts(
    is_show=True,
    type_="color",
    range_text=(" 高 "," 低 "),
    range_opacity=80,
    orient="horizontal",
    pos_right="20%",
    pos_top="bottom",
    split_number=10))
```

图形颜色丰富效果如图 12-13 所示。

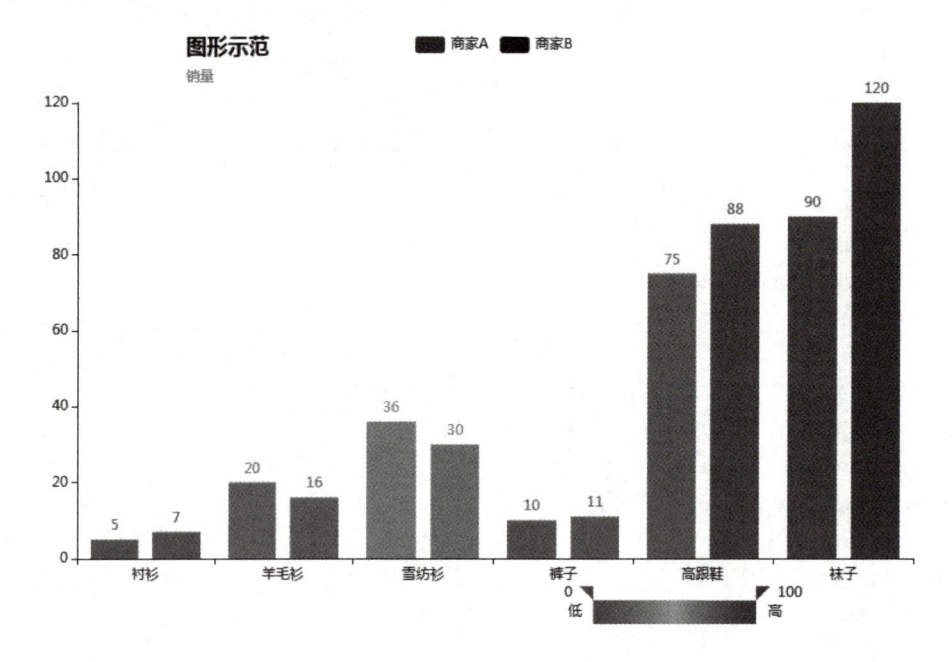

◎ 图 12-13　图形颜色丰富效果

此处不再对其他全局配置参数进行一一介绍，感兴趣的同学可以通过 Pyecharts 官网进行学习。

4. 显示及存储图形

在使用 Pyecharts 绘制完图形之后，可以将其存储为 HTML 文件，也可以生成图片格式的文件。

Pyecharts 默认生成 HTML 文件，以生成双折线图并存储为 HTML 文件为例，代码如下：

```
from pyecharts.charts import Line
from pyecharts import options as opts
line = Line()
line.add_xaxis([" 衬衫 "," 羊毛衫 "," 雪纺衫 "," 裤子 "," 高跟鞋 "," 袜子 "])
line.add_yaxis(" 商家 A", [5, 20, 36, 10, 75, 90])
line.add_yaxis(" 商家 B", [7, 16, 30, 11, 88, 120])
line.render('line.html')
```

render() 方法用于生成本地 HTML 文件，默认会在当前目录下生成 render.html 文件，也可以传入路径参数，如 line.render("c:\\line.html")。最终生成的双折线图如图 12-14 所示。

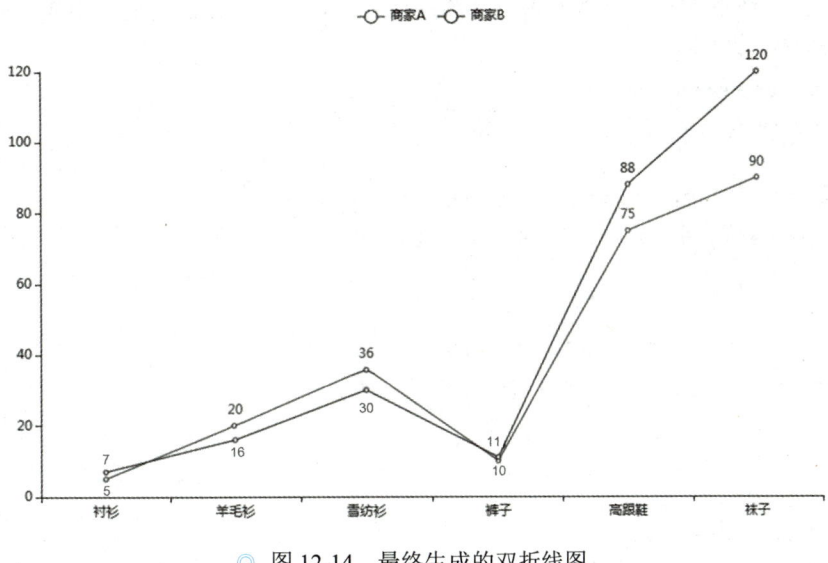

◎ 图 12-14　最终生成的双折线图

为了生成图片格式的文件，Pyecharts 提供了 snapshot-phantomjs，需要先通过 pip 工具进行安装，代码如下：

```
pip install snapshot-phantomjs
```

在安装完 snapshot-phantomjs 后，可通过导入的 snapshot() 函数将图片生成 pic.png 文件，代码如下：

```
from pyecharts import options as opts
from pyecharts.charts import Bar
from pyecharts.render import make_snapshot
from snapshot_phantomjs import snapshot

def bar_chart() -> Bar:
    c = (
        Bar()
        .add_xaxis(["衬衫","毛衣","领带","裤子","风衣","高跟鞋","袜子"])
        .add_yaxis("商家A", [114, 55, 27, 101, 125, 27, 105])
        .add_yaxis("商家B", [57, 134, 137, 129, 145, 60, 49])
        .reversal_axis()
        .set_series_opts(label_opts=opts.LabelOpts(position="right"))
        .set_global_opts(title_opts=opts.TitleOpts(title="图片"))
    )
    return c
make_snapshot(snapshot, bar_chart().render(), "pic.png")
```

12.2.4　常见图形示例

除了基础图形，Pyecharts 还可以用于绘制很多图形式样，下文介绍几种常用的图形绘制方法。

1. 箱型图

箱形图是一种用于显示一组数据分布情况的统计图。Pyecharts 使用 Boxplot() 函数绘制箱型图，示例代码如下：

```python
from pyecharts import options as opts
from pyecharts.charts import Boxplot
v1 = [
    [850, 740, 900, 1070, 930, 850, 950, 980, 980, 880, 1000, 980],
    [960, 940, 960, 940, 880, 800, 850, 880, 900, 840, 830, 790],
]
v2 = [
    [890, 810, 810, 820, 800, 770, 760, 740, 750, 760, 910, 920],
    [890, 840, 780, 810, 760, 810, 790, 810, 820, 850, 870, 870],
]
c = Boxplot()
c.add_xaxis(["expr1", "expr2"])
c.add_yaxis("A", c.prepare_data(v1))
c.add_yaxis("B", c.prepare_data(v2))
c.set_global_opts(title_opts=opts.TitleOpts(title="BoxPlot-基本示例 "))
c.render()
```

箱型图绘制效果如图 12-15 所示。

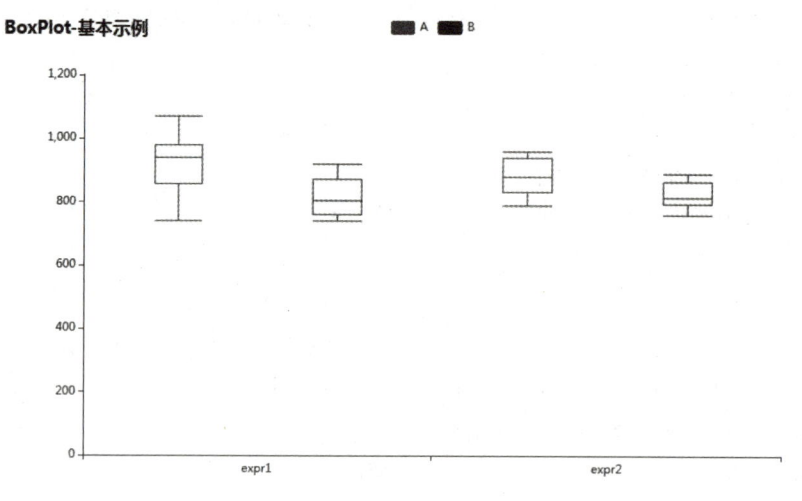

◎ 图 12-15　箱型图绘制效果

2. 词云图

词云图是由词汇组成类似云朵的彩色图形，用于展示大量文本数据，多用于制作用户画像，WordCloud() 函数接收一个数组，数组中的元素是由词汇及其数量组成的元组，示例代码如下：

```python
from pyecharts.charts import *
words =[
    ("py.thon", 10000),("java", 6181),("c", 4386),
    ("C++", 4055),("go", 2467),("hadoop", 2244),
```

```
    ("spark", 1868),("Hive", 1484),("MySQL", 1112),
    ("javascript", 865),("html", 847),("json", 582),
    ("SepuedHbase", 555),("Vue", 550),("React", 462),
    ("Node", 366), ("NumPy", 282), ("pyecharts", 273)
]
wc = (WordCloud().add("",words))
wc.render(" 词云图 .html")
```

词云图绘制效果如图 12-16 所示。

◎ 图 12-16　词云图绘制效果

3. 雷达图

雷达图用于可视化多变量数据，其由一系列从中心点向外辐射的辐条构成，每个辐条代表一个不同的变量。Pyecharts 使用 Radar() 函数绘制雷达图，示例代码如下：

```
from pyecharts import options as opts
from pyecharts.charts import Radar
# 在 schema 列表中，max_=150 表示语文、数学、英语课程的最高分为 150 分，max_=100 表示历史、地理、政治课程的最高分为 100 分；v1 中的成绩不能超过对应课程的最高分
v1 = [[121,88,110,75,82,85]]
c = (
Radar()
.add_schema(
    schema=[
        opts.RadarIndicatorItem(name=" 语文 ", max_=150),
        opts.RadarIndicatorItem(name=" 数学 ", max_=150),
        opts.RadarIndicatorItem(name=" 英语 ", max_=150),
        opts.RadarIndicatorItem(name=" 历史 ", max_=100),
        opts.RadarIndicatorItem(name=" 地理 ", max_=100),
        opts.RadarIndicatorItem(name=" 政治 ", max_=100),
    ]
)
```

```
    .add(" 成绩概览 ", v1)
    .set_series_opts(label_opts=opts.LabelOpts(is_show=False))
    .set_global_opts(
        legend_opts=opts.LegendOpts(selected_mode="single"),
        title_opts=opts.TitleOpts(title=" 成绩分布 "),
    )
    .render()
)
```

雷达图绘制效果如图 12-17 所示。

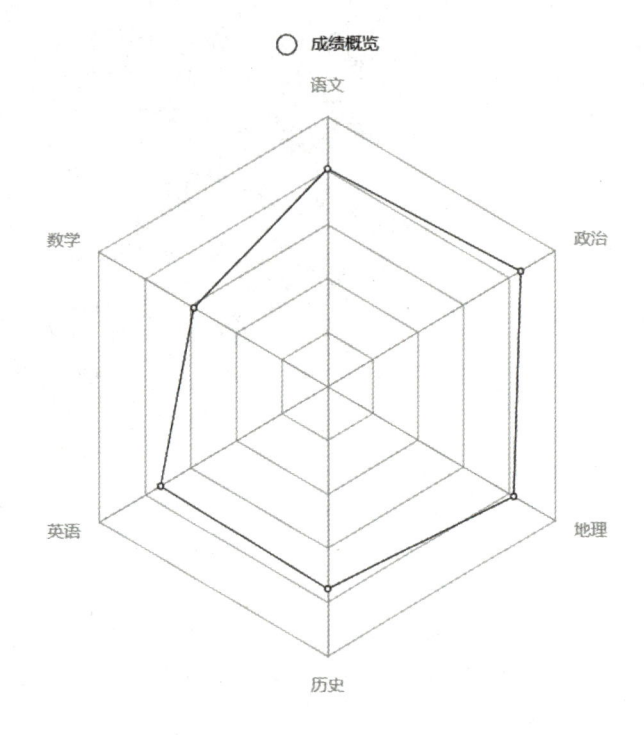

◎ 图 12-17　雷达图绘制效果

4. 漏斗图

漏斗图是一个简单的散点图，反映的是在一定样本量或精确性下单个研究的干预效应。样本数越大，生成图形的面积也越大。Pyecharts 使用 Funnel() 函数绘制漏斗图，示例代码如下。

```
from pyecharts import options as opts
from pyecharts.charts import Funnel
data =[[' 衬衫 ', 66], [' 毛衣 ', 23], [' 领带 ', 25], [' 裤子 ', 71], [' 风衣 ', 139], [' 高跟鞋 ', 68], [' 袜子 ', 34]]
c = (
    Funnel()
    .add(
        " 商品 ",
        data,
        sort_="ascending",
        label_opts=opts.LabelOpts(position="inside"),
    )
```

```
.set_global_opts(title_opts=opts.TitleOpts(title=" 商品销量 "))
.render()
)
```

漏斗图绘制效果如图 12-18 所示。

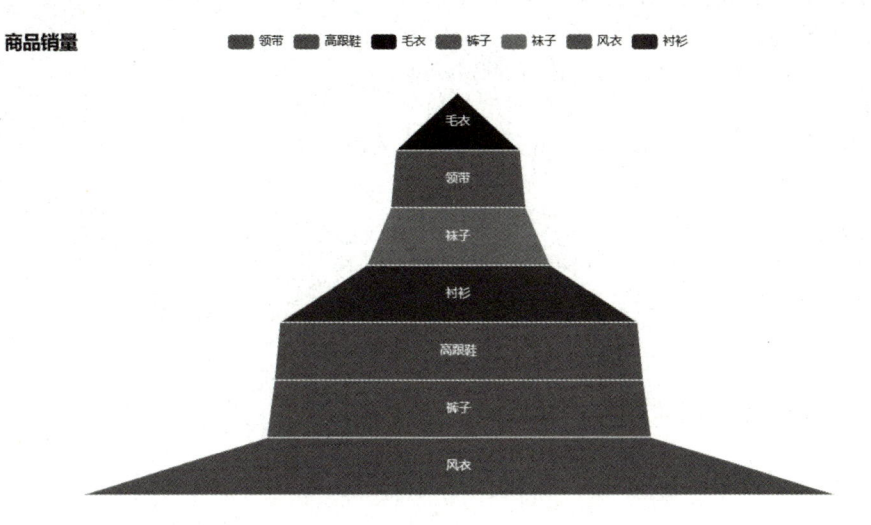

◎ 图 12-18 漏斗图绘制效果

案例分析与实现

案例分析

超市营业额数据是某超市一个月的数据,其中包括工号、姓名(脱敏处理)、日期、时段、交易额、柜台 6 类信息。超市营业额数据样例如表 12-3 所示。

表 12-3 超市营业额数据样例

工号	姓名	日期	时段	交易额	柜台
20200701	小明	2021-07-01	9:00—14:00	1097.94	洗化用品
20200702	小刚	2021-07-01	14:00—21:00	3025.86	洗化用品
20200703	小花	2021-07-01	9:00—14:00	2545.62	食品饮料
20200704	小红	2021-07-01	14:00—21:00	892.62	食品饮料
20200705	小米	2021-07-01	9:00—14:00	2704.83	生活用品
20200706	小黑	2021-07-01	14:00—21:00	798.66	生活用品
20200706	小黑	2021-07-01	9:00—14:00	1088.37	水果蔬菜
20200705	小米	2021-07-01	14:00—21:00	2278.53	水果蔬菜

案例实现

对超市营业额数据进行可视化分析,具体内容如下。

1. 统计超市员工月交易额

对各员工月交易额进行统计与比较，使用 Pyecharts 中的 Bar() 函数绘制条形图，代码如下：

```
import pandas as pd
from pyecharts import options as opts
from pyecharts.charts import Bar
df = pd.read_excel(" 超市营业额数据 .xlsx")  # 读取数据
# 按照姓名统计
df = df.groupby(by=' 姓名 ',as_index=False).agg({' 交易额 ':'sum'})
bar = (
    Bar().add_xaxis(list(df[' 姓名 ']))
    .add_yaxis(' 交易额 ',df[' 交易额 '].round(3).values.tolist())
    .set_global_opts(title_opts=opts.TitleOpts(title=" 员工月交易额统计 "))
)
bar.render('bar.html')
```

员工月交易额条形图如图 12-19 所示。

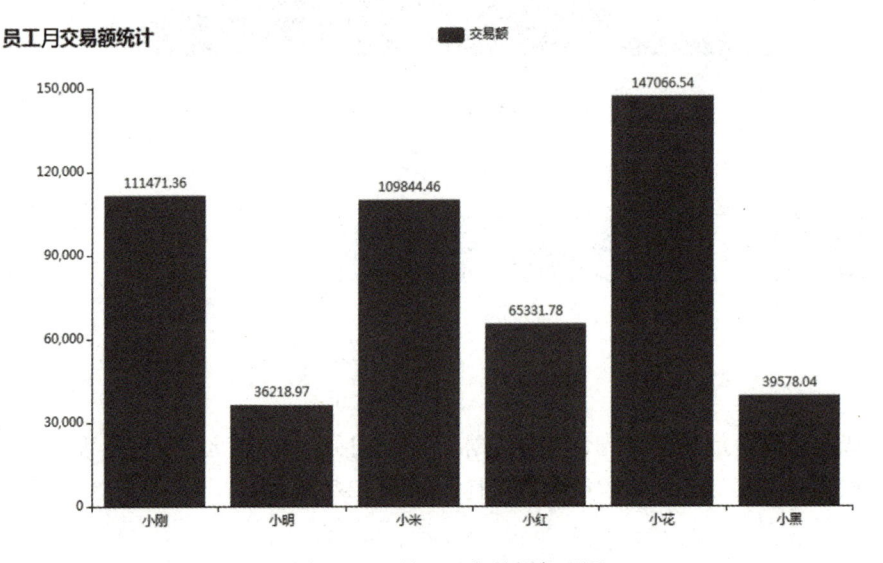

◎ 图 12-19　员工月交易额条形图

2. 统计各柜台交易额占比

超市交易总额是各柜台交易额之和，现对各柜台交易额占比进行统计。使用 Pyecharts 中的 Pie() 函数创建一个饼状图，示例代码如下：

```
import pandas as pd
from pyecharts import options as opts
from pyecharts.charts import Pie
df = pd.read_excel(" 超市营业额数据 .xlsx")  # 读取数据
# 按照柜台统计
df = df.groupby(by=' 柜台 ',as_index=False).agg({' 交易额 ':'sum'})
# 改变数据组织方式
list_part=list(df[' 柜台 '])
list_count=df[' 交易额 '].round(3).values.tolist()
```

```
dict_part={}
for i, j in zip(list_part, list_count):
    dict_part[i]=j
tuple_part=sorted(dict_part.items(),key=lambda x:x[1],reverse=True)
print(tuple_part)
pie = (
  Pie()
  .add(
      "",
      tuple_part,
      radius=["30%", "75%"],
      rosetype="radius",
      label_opts=opts.LabelOpts(is_show=False),
  )
  .set_global_opts(
      title_opts=opts.TitleOpts(title=" 柜台交易额统计 "),
      legend_opts=opts.LegendOpts(type_="scroll", pos_left="90%", orient="vertical"),
  )
  .set_series_opts(label_opts=opts.LabelOpts(formatter="{b}: {c}，{d}%"))
)
pie.render(' 柜台交易额统计 .html')
```

各柜台交易额占比饼状图如图 12-20 所示。

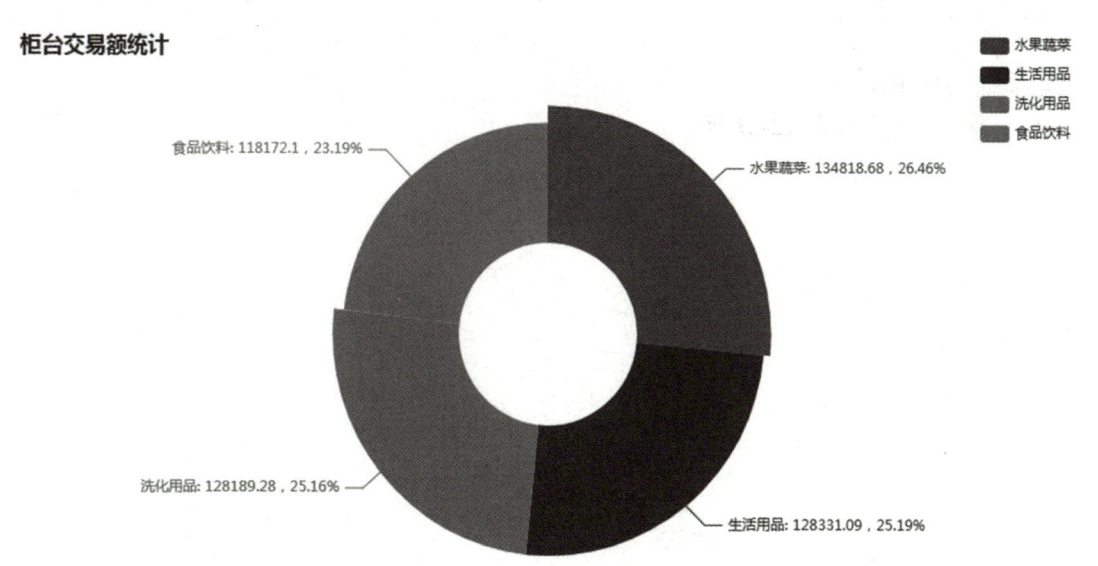

◎ 图 12-20　各柜台交易额占比饼状图

3. 统计日交易额

先对数据进行统计，得到日交易额，再使用 Pyecharts 中的 Line() 函数创建一个折线图，示例代码如下：

```
import pandas as pd
from pyecharts import options as opts
```

```python
from pyecharts.charts import Line
df = pd.read_excel(" 超市营业额数据 .xlsx") # 读取数据
# 按照日期统计
df = df.groupby(by=' 日期 ',as_index=False).agg({' 交易额 ':'sum'})
line=(
    Line()
    .set_global_opts(
        tooltip_opts=opts.TooltipOpts(is_show=False),
        xaxis_opts=opts.AxisOpts(type_="category"),
        yaxis_opts=opts.AxisOpts(
            type_="value",
            axistick_opts=opts.AxisTickOpts(is_show=True),
            splitline_opts=opts.SplitLineOpts(is_show=True),
        ),
    )
    .add_xaxis(list(df[' 日期 '].dt.strftime("%Y-%m-%d")))
    .add_yaxis(
        series_name=" 日交易额 ",
        y_axis=df[' 交易额 '].round(3).values.tolist(),
        symbol="emptyCircle",
        is_symbol_show=True,
        label_opts=opts.LabelOpts(is_show=False),
    )
)
line.render(' 日交易额 .html')
```

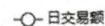

日交易额折线图如图 12-21 所示。

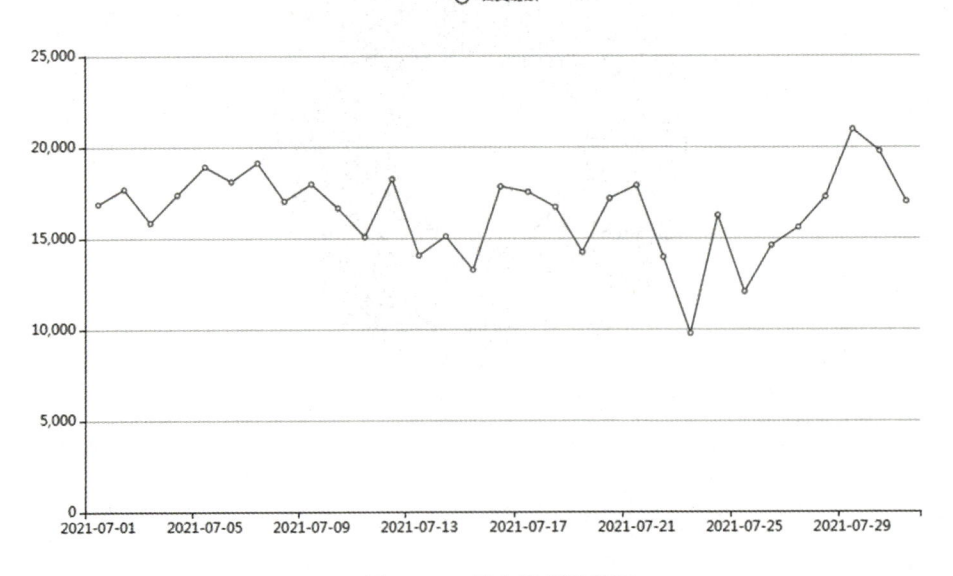

◎ 图 12-21　日交易额折线图

本章小结

本章通过超市营业额数据再分析这个案例，引出数据可视化的基本知识。详细介绍了 Matplotlib 和 Pyecharts 这两个 Python 可视化模块的使用方法。通过本章的学习，学生能够使用简单的代码绘制出丰富多彩的可视化图形。

课后训练

一、选择题

1. 以下代码中，（　　）可以用于绘制散点图。
   A．plt.scatter(x,y)
   B．plt.legend('upper left')
   C．plt.plot(x,y)
   D．plt.xlabel(' 散点图 ')
2. 以下字符串中，（　　）表示线条的颜色为红色、形状为星形、类型为短虚线。
   A．'bs-'　　　　　B．'go-.'　　　　　C．'r±.'　　　　　D．'r*:'

二、简答题

请简述 Pyecharts 的优点。

三、程序设计题

已知某大学计算机系大一学生的各学科期末考试成绩，包括男生平均成绩与女生平均成绩，如表 12-4 所示。

表 12-4　某大学计算机系大一学生的各学科期末考试成绩

学科	男生平均成绩	女生平均成绩
大学英语	80.5	84
高等数学	75	76
线性代数	66	62
大学语文	80	84.5
Python 程序设计	78	81
思想道德修养与法律基础	68	72
大学生心理健康教育	91	93
大学体育	83	79

请编写程序，按照以下要求绘制图形。
（1）绘制条形图。
（2）绘制折线图。

参考文献

[1] 嵩天，礼欣，黄天羽. Python 语言程序设计基础：第 2 版 [M]. 北京：高等教育出版社，2017.

[2] 董付国. Python 程序设计：第 2 版 [M]. 北京：清华大学出版社，2016.

[3] 丁辉，陈永. Python 程序设计教程 [M]. 北京：高等教育出版社，2019.

[4] 江吉彬，张良均. Python 网络爬虫技术 [M]. 北京：人民邮电出版社，2019.

[5] 张杰. Python 数据可视化之美 [M]. 北京：电子工业出版社，2020.

[6] Ivan Idris. Python 数据分析基础教程 NumPy 学习指南：第 2 版 [M]. 张驭宇译. 北京：人民邮电出版社，2014.